牧草种子
专业化生产的地域性

全国畜牧总站 ◎ 编

中国农业出版社
北　京

前　言

　　牧草种子是改良退化草地、建植饲草地，提高我国草食畜牧业生产力的物质基础，也是干旱和半干旱地区生态工程建设、水土流失地区水土保持工程建设，以及城市绿地工程建设的基础材料。随着草牧业的提出，粮改饲政策的出台与推进，优质牧草种子的市场需求急剧增加。以首蓿为主的牧草种子供不应求，但是国内牧草种子生产规模化和专业化程度不高，提高草种业市场竞争力已成为发展草牧业的重要举措之一。退牧还草工程、振兴奶业首蓿发展行动、南方现代草地畜牧业推进行动等一系列项目的实施，为现代草种业发展提供了难得的机遇。由于我国专业化的牧草种子生产起步晚，种子生产者的规模化生产能力和经验不足，环境条件与种子潜在产量间的关系不了解，种子生产关键技术不成熟等问题，均在一定程度上限制了草种业的发展。几十年来的牧草种子生产实践证明，种子生产不同于牧草生产，选择适宜的生产区域，满足植物开花授粉和种子收获的特殊要求，是保证牧草种子高产稳产的重要前提。因此，针对不同牧草种类，如何选择确定适宜的种子生产区域，是种子生产者首要解决的问题，也是实现牧草种子专业化生产的前提。

　　在开展牧草种子生产关键技术研究与实地调研的基础上，借鉴国内外牧草种子生产实践经验，选用无霜期、年平均降水量、≥10 ℃积温、年日照时数四个指标，结合牧草生物学特性和现有种子生产田和试验田的技术资料，确定牧草种子生产的适宜区域。本书共包括六章，按照我国草种市场流通种类数量和种子田规模，选择紫花首蓿、红豆草、沙打旺、白三叶 4 种豆科牧草和羊草、无芒雀麦、老芒麦、垂穗披碱草、冰草和鸭茅 6 种禾草，确定以上 10 种牧草的种子生产适宜区域，提出具有发展基础和潜力的种子生产带，为规模化种子生产基地建设提供依据和指导。

从 2011 年起，全国畜牧总站和中国农业大学草业科学系合作，开始梳理总结 2001 年以来的种子生产情况，其间通过数据收集、整理和多次实地考察调研，探索我国牧草种子生产适宜区域的划定方法和原则，基本完成了我国主要牧草种子生产适宜区域的确定。希望此书的出版能够为各级政府管理部门制订牧草种子生产基地建设规划与项目提供技术依据，也对牧草种子生产企业建设品种扩繁基地提供技术指导。

我国牧草种子种类多，因气象资料、种子生产实践经验所限，本书仅编写了 10 种牧草，区域划分还不够精准，其他牧草种子生产的区域性划分还有待研究，需要在未来的种子生产实践中进一步完善。

本书编委会

2018 年 5 月

目　录

第一章　我国草种业发展现状与趋势

种子作为草类植物幼小生命和世代繁殖的载体，是草地建设和改良的重要物质材料，长期以来在草原畜牧业生产和草原植被恢复过程中发挥着不可缺少的作用。随着我国社会经济的快速发展，尤其是进入 21 世纪后，传统草原畜牧业内涵不断延展，逐渐发展成为涵盖草地资源与生态保护、草原畜牧业、草地农业、草种业、草坪业、草产品生产加工业等多领域在内的现代草业。其中草种业作为整个现代草业的基石，将对退化草地改良、优质牧草生产、草坪建植和草地生态建设等项工程的顺利实施提供物质保障。

我国拥有草原面积 3.92×10^8 hm^2，占国土面积的 41%，辽阔的地域和丰富的饲草资源为草地畜牧业的发展提供了巨大的空间。但由于人口增长，为满足生产和生活需求，大量开垦天然草原进行耕作，同时放牧家畜数量迅速增加，导致可利用草原面积和载畜能力下降，超载过牧现象普遍，形成草原沙化、退化、盐碱化。目前，我国草原"三化"面积已占草原总面积的 90% 以上，产草量下降了 30%~50%（毛培胜等，2016）。草原生态环境破坏、草地畜牧业生产水平下降的情况已经严重影响了我国经济发展和草原地区人民的正常生活，也引起了政府的高度重视。《全国生态环境建设规划（1999—2050）》提出，2011—2030 年我国将新增人工草地、改良草地 8×10^7 hm^2。可见，草原生态治理不仅备受关注，而且也是各级政府部门的长期任务，确保各种牧草种子的充足供应是草原植被恢复成败的关键。

优质牧草的生产离不开草种业的发展。近年来我国经济快速发展，人民生活水平不断提高，随之膳食结构发生明显变化。据国家统计局分析，以羊肉、牛奶和牛肉等为主的食草动物食品消费量增长迅速，2015

年人均羊肉占有量为 3.2 kg，牛奶占有量为 27.3 kg，牛肉占有量为 5.1 kg。与 1985 年相比，分别增加了 6 倍、12 倍和 12 倍。奶业和草食家畜养殖业的迅速发展，对于饲草料种植规模和草产品的产量以及质量提出了更高的要求。尤其以苜蓿种植和干草生产加工为主的现代草业成为地区经济发展的新增长点。然而，包括苜蓿在内的优质牧草种子的保障供给则是现代草业发展的瓶颈。在国产牧草种子无法满足草地建设的现时需求情况下，单纯依赖于种子进口难以从根本上解决我国人工草地建设对各种牧草种子的需求。这对我国草种业提出了新的挑战和要求。

第一节　我国草种业发展现状及存在问题

在我国草地畜牧业发展过程中，草种业一直以来都是草地建设的重要基础，尤其是在现代草业快速发展的形势下，草种业的规模和水平成为决定草业发展的关键环节。

一、我国草种业发展现状

（一）牧草种子生产现状

我国天然草地主要分布在西藏、内蒙古、新疆、青海、四川、甘肃等省区，相当于耕地面积的 3 倍和林地面积的 4 倍。野生植物种子的收集通常作为草地植物种植利用的主要方式。随着社会进步和草地畜牧业的发展，人工种草和饲草新品种选育的需求，种子也由野外收集转向专业化生产。我国牧草种子生产工作起步较早，在 20 世纪 50 年代就已建立 20 多个草籽繁殖场，但由于对牧草种子生产地域性要求的认识不足，有些草籽繁殖场的建设区域选择不合理，其种子产量低，生产经济效益不佳，多数草籽场难以为继，需要依赖政府财政的支持才能够维持。到 80 年代，草地畜牧业的快速发展、种子质量检测技术体系的建设推动草种业进入了一个新的发展阶段。进入 21 世纪，国家各级政府相继实施各项草地建设工程，如退牧还草、京津风沙源治理、天然草原改良、草原生态保护补助奖励机制等,在牧草种类、种子数量和质量上提出了更高的要求。2000—2003 年国家先后投资 9 亿元在内蒙古、新疆等省区共建设牧草种子基地 76 个。2000—2013 年通过国家农业综合开发草种繁育专项,中央投资 3 亿余元,建成草种繁育基地 150 余个,涉及内蒙古等 26 个省区(毛培胜等,2016)。"十二五"期间,中央共投资 2.508 8 亿元,建设牧草种子繁育基地 100 个,苜蓿繁育基地 48 个,占 48%。2016 年起,牧草种子繁育基地项目并入《现代种业工程规划》,统一规划,不再单独设立牧草繁育基地建设项目。

经过近 60 年的发展,我国牧草种子生产规模增长持续稳定,种子生产量明显增加。1989 年全国有兼用牧草种子田 33 万 hm²,种子年产量为 2.5 万 t(毛培胜等,2016);2010 年全国牧草种子田规模减少,面积降到 18.4 万 hm²,牧草种子产量却有所提升,年产 7.1 万 t(邵长勇等,2014);到 2016 年,全国牧草种子田总面积为 8.4 万 hm²,全国牧草种子生产量达到了 7.8 万 t。在牧草种子田规模持续下降的形势下,种子生产量却成倍提高(表 1-1)。根据我国草种业发展研究报告(第七届(2017)中国苜蓿发展大会报告),在 2016 年一年生牧草种子田 1.87 万 hm²,多年生牧草种子田 6.53 万 hm²,种子田面积较大的一年生草种为燕麦和小黑麦,多年生草种为紫花苜蓿、披碱草、老芒麦;其中紫花苜蓿种子田面积 3.53 万 hm²;全国牧草种子生产量 7.8 万 t,其中生产紫花苜蓿种子 1.6 万 t;种子田生产种子 7.1 万 t,天然采种田生产种子 0.7 万 t。

表 1-1 我国牧草种子田面积及牧草种子产量

年份	种子田面积 (×10⁴ hm²)	种子生产量 (×10⁴ t)	平均牧草种子产量 (kg/hm²)
1989	33.0	2.5	76
2010	18.4	7.1	386
2016	8.4	7.8	929

资料来源:毛培胜等,2016;邵长勇等,2014;第七届(2017)中国苜蓿发展大会报告。

（二）初步形成牧草种子生产集中区

我国牧草种子生产起步于 20 世纪 50 年代，经过 60 多年的发展与实践，牧草种子生产集中区域已经初步形成。大多数草种的种子生产集中在西北地区，南方部分省区主要生产多花黑麦草、多年生黑麦草和一些热带牧草种子（刘自学，2016）。其中甘肃、内蒙古、青海是主要的牧草种子生产区域，这三省区生产了国内 68% 的牧草种子，苜蓿、燕麦、紫云英、苏丹草、披碱草和箭筈豌豆是主要草种，其中苜蓿和燕麦也是目前国内生产最多的草种（Wang et al.，2015）。

牧草种子生产区域的选择直接关系到种子产量的高低。研究表明（Han et al.，2013），在河西走廊地区牧草种子生产中，酒泉市鹅冠草种子产量比黑龙江省的高 99.0%；细茎冰草种子产量比美国平均产量高 48.8%～78.8%；无芒雀麦种子产量分别比黑龙江省和华盛顿州普尔曼地区高 56.3% 和 65.8%，与加拿大萨斯喀彻温省北部地区相当；老芒麦种子产量显著高于青海高寒地区和四川盆地；羊草种子产量比松嫩平原增加 291%（表 1-2）。

表 1-2　五种禾草在不同地域间的种子产量对比

单位：kg/km²

草种	河西走廊	其他区域	增加（%）
鹅冠草	1 779①	894（黑龙江）	99.0
细茎冰草	1 005	1 023（青海高寒山区）	—②
		562-675③（USA）	48.8～78.8
无芒雀麦	1 313	840（黑龙江）	56.3
		792（华盛顿州普尔曼地区）	65.8
		1 240（萨斯喀彻温省北部）	9.0
老芒麦	1 335	680（青海高寒地区）	96.3
		612（四川盆地）	118.1
羊草	524	134（松嫩平原）	291.0

注：①数据为种子产量最高处理的平均值；②种子产量与河西走廊相当；③产量为一般性数据。
资料来源：Han et al.，2013。

虽然牧草种子生产形成了一定的区域化，但是区域化程度不够，需要进一步科学细化，才能获得更好的种子生产效益。如种子生产主要集中在西北这几个省份，但并不是这几个省份的所有地区都适合生产。以甘肃省苜蓿种子生产为例，适合种子生产的为甘肃省位于河西走廊区域的地区，这个区域日照时数充足，年降水量少（低于400 mm），并且有灌溉条件，适宜苜蓿种子生产，例如酒泉、张掖地区。而不在这个区域的庆阳等地种子产量就偏低（表1-3）。同样位于河西走廊的瓜州、敦煌，由于风沙大影响苜蓿授粉、灌溉条件不足等原因，就不适合生产苜蓿种子。因此牧草种子区域化生产还需进一步细化以达到种子生产集中化、产业化、效益化。

表1-3　苜蓿种子产量及各地区气候因子

地区	种子产量 (kg/hm²)	年日照时数 (h)	无霜期 (d)	年降水量 (mm)	年平均温度 (℃)
酒泉	750	3 056	130	84	7
高台	900	3 088	140	120	8
定西	600	2 433	141	400	7
平凉	600	2 379	145	617	10
庆阳	300	2 500	175	500	10

资料来源：毛培胜等，2015。

（三）牧草新品种培育数量持续增加

草品种是草业发展的重要基础，与国家的经济建设和可持续发展密切相关，是我国草业可持续发展的重要基石，在保障国家生态安全、粮食安全、促进经济发展，提高人民生活水平和质量等诸多方面具有十分重要的作用。

我国牧草新品种审定工作自1987年开始进行，至2018年32年间共审定登记539个新品种，其中育成品种208个，引进品种171个，地方品种59个，野生栽培品种121个，平均每年审定通过17个。我国审定登记的草种涉及17个科，101个属，183个种，其中禾本科审定登记

291 个，占审定登记品种总数的 52.05%，在审定登记品种科中排第一，排第二的为豆科，共审定登记 217 个品种，占总数的 38.81%，这两个科审定登记品种数占总数的 90.9%（表 1 - 4）。禾本科中审定登记的育成品种 109 个，占禾本科审定登记品种的 37.46%。审定登记最多的属为黑麦草属，审定登记品种个数为 33 个，其中育成品种为 6 个，引进品种为 26 个，地方品种 1 个；其次为高粱属和玉蜀黍属，审定登记品种分别为 25 个和 20 个。豆科牧草中审定登记的育成品种 86 个，占豆科牧草审定登记总数的 39.71%。审定登记最多的属为苜蓿属，共审定登记 103 个品种，其中育成品种为 48 个，地方品种 21 个，引进品种为 28 个，野生栽培品种 6 个；其次为三叶草属、柱花草属和野豌豆属，分别为 15 个、13 个和 12 个。虽然审定登记的豆科牧草品种没有禾本科多，但育成品种占该科的比例较禾本科高，而且苜蓿属中审定登记的品种数量远远高于禾本科中的任一个属。

表 1 - 4　1987—2017 年我国审定登记草品种统计表

科	属	种	品种	品种占比（%）
禾本科	46	91	291	52.05
豆科	31	60	217	38.81
苋科	1	4	8	1.43
菊科	5	5	10	1.79
藜科	3	5	7	1.25
大戟科	1	1	7	1.25
蓼科	2	2	2	0.36
十字花科	1	2	4	0.72
蔷薇科	2	2	2	0.36
葫芦科	1	1	1	0.18
满江红科	1	2	2	0.36
夹竹桃科	1	1	1	0.18
百合科	2	2	2	0.36
旋花科	1	1	1	0.18
鸭跖草科	1	1	1	0.18
鸢尾科	1	1	1	0.18
白花丹科	1	2	2	0.36
合计	101	183	559	100

资料来源：根据全国草品种审定委员公布结果统计。

（四）牧草种子生产相关机械化程度不断增强

　　由于牧草种子普遍较小，需要精细整地才能达到种子出苗要求，所以这对苗床整理和播种机械要求较为严格。播种前的苗床要求土地平整、具有一定坡度，便于排水，并且土壤细碎无颗粒，较大土块不利于播种后种子周围的水分保持和幼苗顶土。只有通过细致耕作才能为草种的播种、着床、出苗、生长和发育创造良好条件。在种子田深耕、耙地、镇压等整地过程中，常采用的机械有深松犁、岸上和岸下反转犁、高速圆盘耙、苗床整地机等。无论是进口或国产的机械按照整地要求进行操作，均可以达到苗床播种要求。牧草种子通常较轻、小，具芒等附属物，所以对牧草播种机械有特殊的要求。常用的播种机为条播机，有大中小型，可根据需要选用。精量播种机，采用真空风机排种系统，同时配有种肥箱，可以与播种同时进行，一次性实现开沟、固床、播种、覆土、镇压全套过程。

　　规模化的种子生产对机械化程度要求高，尤其是不可缺少种子收获设备。收获机械直接关系到种子能否按时收获、收获过程中种子损失多少等因素，对农户和企业经济效益具有直接的影响。牧草种子的收获与大田作物种子的收获虽然所用机械设备有很多相似之处，但由于种子的生长特性和外形参数差异很大，决定了牧草种子的收获需要采用特殊的工艺和设备。我国牧草种子收获机械的研究起步较晚，20世纪70年代末开始立项对牧草种子收获机械进行研究（袁洪芳等，2010）。1977—1978年兰州军区军马场开始了对牧草种子收获机的研究，完成了13种主要种植牧草的高度幅谱及穗谱图绘制。1981年吉林工业大学与新疆联合收获机厂开始研究4LQ-2.5联合收获机的改装，使之成为牧草种子收割机，但牧草种子的损失（10%左右）和清洁度（50%左右）较大（于承福、姜志国，1981）。1982年黑龙江省畜牧机械化研究所开始研制小型手动牧草种子收获机，研制的收获机结构简单易操作，但工作幅宽仅为0.2 m。工作效率低（徐万宝，2002）。80年代末90年代初，机械工业部呼和浩特畜牧机械研究所研制出了92ZS

-1.5 型牧草种子收获机，该机采用割前脱粒技术，适用于禾本科牧草种子收获（杨世昆、苏正范，2009）。1990 年黑龙江省畜牧机械化研究所研制出 92Z-1.4 型苜蓿种子收获机，在植株站立状态下收获脱荚，是一种新型的收获机具，但收获率仅为 35% 左右（刘贵林、杨世昆，2007）。1994 年长春华联农牧工程设备技术开发公司发明了牧草种子联合收割机，适用于常见的豆科、禾本科种子收获，脱粒除芒复脱能力强。进入 21 世纪后，国家加大了科研投入和财政支持，科研单位和企业更加积极参与牧草种子收获机械的研究，取得了一定的成果。如：中国农业机械化科学研究院呼和浩特分院研制了 9ZQ-2.7 型苜蓿种子采集机（刘贵林等，2006）、9ZQ-3.0 型梳刷式禾本科牧草种子采集机。石家庄天同神农机械集团研制了 4LSC 系列牧草种子收获机（周良墉，2004）。佳木斯佳联收获机械有限公司与东北农业大学联合研制了 4ZTCL-2 300 型牧草种子收获机，作业损失率为 5.41%～8.80%，清洁率 79.65%（李景岩、孙嘉忆，2007）。牧草种子收获机械研究进步明显，但是在实际生产中，牧草种子收获机械保有量低，种子收获多采用改装后的联合收割机收获（图 1-1）。

图 1-1　牧草种子收获机械

种子加工是牧草种子产业化的必要环节，牧草种子经过加工后不仅有利于播种，还可以提高净度和发芽率并保持较好的活力。采用机械加工可以提高种子质量和商品属性、增加种子的科技含量、提高播种质量、降低用种量、降低劳动强度、提高加工效率，而且促进牧草种子加工从粗放式向现代化转变。牧草种子加工工序主要包括清理、清选、精处理、计量包装和贮存等过程。清理机械主要有磨皮机和刷种机，用来去除牧草种子的芒、绒毛、薄壳、夹等附属物。清选机械主要是清除杂质和小种子，提高牧草种子的净度和均匀度，常用的有风筛清选机和斜度清选机。精处理是为种子包衣，常用机械为滚筒喷雾式包衣机、甩盘雾化式包衣机和旋转式包衣机（贾玉斌，2002）。种子包装机种类繁多，但包装技术越来越先进，精度越来越高，能够一次性完成自动送料、自动称重、自动包装。自动计量包装机采用微机控制全过程，在称量范围内可以任意设定称量值，适用于不同种类的种子。牧草种子加工机械产业化在我国起步较晚，近年来国内已有一些厂家在研制并生产牧草种子加工机械。牧草种子加工机械种类多，功能庞杂。单机用于初级加工，杂质清除精度较低，难以一次加工达标。中档次的加工配套机组，能达到一般精度的加工水平，具有操作简捷、移动方便、回报率高的优势。高档次大型成套设备，现代化水平高，加工效果好，但投资规模大。在实际应用中，农户使用简单的清选机械，而多数企业使用中档次加工配套机组，只有少数企业使用高档次大型成套设备（图1-2）。

图1-2 牧草种子清选机械

二、草种业发展过程中存在的问题

(一) 牧草新品种培育数量少，育种周期长，难以满足草产业发展需求

优良牧草品种数量的多少是衡量草地畜牧业发展水平的重要标志之一。我国自 1987 年开展牧草新品种审定工作以后至 2018 年，32 年间共审定登记新品种 559 个，平均每年审定登记 17 个，其中育成品种仅为登记品种数量的 37.2%，而引进品种占到审定登记品种总数的 30.6%。美国每年仅育成的苜蓿新品种就在 30 个以上（刘加文，2016），相比而言，我国培育的牧草新品种数量少，市场上销售的品种多以引进为主，自主创新能力不强。

我国牧草品种选育单位多以科研院所和大学为主，育种单位结构单一，企业很少开展育种工作。经统计，在审定登记的 196 个育成品种中只有绿帝 1 号沙打旺、邦德 1 号杂交狼尾草、赤草 1 号杂花苜蓿、彩云多变小冠花、甘农 7 号紫花苜蓿、沃苜 1 号紫花苜蓿 7 个品种以企业为第一申报单位，仅占育成品种比例的 3.1%。然而，国外从事牧草新品种选育工作的机构除大学、科研机构外还有种子生产企业，并且美国私立机构和种子企业已成为牧草品种选育的重要力量，美国农业部通过合作立项、提供贷款和经济担保等方式来扶持和管理牧草品种选育单位（云锦凤，2008）。据统计，从 1963 年至 2004 年的 40 余年间，美国登记的苜蓿品种就达到了 1 198 个，仅 2015 年登记的苜蓿品种数约 192 个（卢新石，2015），比我国近 30 年所有育成品种数量还多。因此，企业在育种工作的主体作用，是推动新品种数量增长和满足市场要求的重要基础。

我国的育成品种大都是采用传统的育种技术和方法育成的，耗时长，效率低。而能够大大减少育种时间的现代生物育种技术和方法在育成品种中很少见（邵麟惠等，2016）。根据国际育种发展动态，常规育种与新的育种技术有效结合是牧草品种选育发展的总体趋势。以常规育种为基础，加强新技术育种的理论创新和技术创新，弥补传统育种方法

的不足，增强牧草遗传性状改造与利用的定向性和准确性，从而提高牧草品种选育的可操作性，这是现代牧草品种选育技术体系的核心。在继续完善和普及常规育种理论和技术的基础上，积极探索牧草品种选育的高新技术，将生物技术等高新技术与常规育种结合起来，构建我国现代牧草品种选育技术体系，提高培育牧草新品种效率，加快育种步伐，缩短新品种更新换代周期。

（二）品种知识产权保护意识薄弱

品种保护与品种审定是两种不同的体系，品种审定不代表品种权受到保护，通过品种审定的品种，品种所有权人想获得该品种的法律保护，必须提出品种保护权申请，满足规定授权条件，才可以取得品种保护权（罗忠玲等，2005）。由于草类植物新品种保护的政策和法规不够完善，造成我国育种家培育的牧草新品种知识产权无法得到有效保护，新品种的商业价值难以体现，而且品种有效利用年限大幅减少。审定登记品种完成成果转化产生效益中，育种家的合法利益得不到有效保障，新品种在市场中的乱用导致品种优良特性的迅速丢失。另外，品种保护申请过程产生的费用较高，育种家难以承受，放弃申请品种权。截至目前，原农业部公布的九批《农业植物新品种保护名录》，涉及大田作物、蔬菜、观赏植物及草类和果树 93 个属或种，草类仅在 1999 年第一批保护名录中涉及，并且只有紫花苜蓿和草地早熟禾两个种。因此，加强新品种知识产权保护意识，完善保护制度，有效保护育种家和品种所有权人的合法权益将是发挥品种特性的重要保证。

（三）牧草种子产量和质量水平有待提高

我国草种业虽然呈现出快速发展的势头，种子生产技术的推广推动了专业化生产程度的提升，但牧草种子产量水平和质量状况仍有待提高。据调查显示，2016 年我国牧草种子田总面积为 8.4 万 hm^2，全国牧草种子生产量 7.8 万 t，平均产量为 929 kg/hm^2，与牧草种子生产先进国家相比还有一定差距。如美国早在 1999 年平均种子产量就达到了

1 125 kg/hm² （韩建国，1999）。种子生产过程中管理粗放和缺少系统的管理技术是我国牧草种子生产实践中的普遍现象，在从土地选择、播种到田间施肥、灌溉以及收获等各环节中都受气候、设备等因素的影响，尤其是授粉技术、落粒收获技术的局限，导致牧草种子产量水平波动较大。

根据农业部草种子质量监督抽查的结果显示，抽检牧草种子质量合格率只有50%，一级品率不超过20%（张明均，2017）。种子质量低的主要表现为多数种子杂质含量高和杂草种子严重超标，部分种类种子发芽率低以及水分含量过高。即使抽检对象是正规经营、有一定规模、具有清选设备及良好仓储条件的种子公司，最终的检查结果也不理想（刘亚钊等，2013）。牧草种子质量也与种子生产企业田间管理水平和牧草种子来源有关。在牧草种子生产过程中，施肥（毛培胜等，2001）、灌溉（彭岚清，2013；闫敏，2005）、收获（毛培胜等，2002）等管理技术都会影响到种子的质量，种子生产技术落后、生产过程不规范都会导致种子质量下降。一些种子生产公司与农户合作生产牧草种子，而农户的管理水平和生产技术参差不齐，造成生产的种子质量波动较大，影响种子整体质量。收获和清选机械也会影响到种子的质量，目前收获和加工等方面缺乏专业机械，大部分使用机械都是农作物机械或是简单改装的农作物机械，这些并不太匹配牧草种子生产的机械，导致工作效率低，在种子抢收时易出现机械故障，且存在脱粒不净、茎秆麸皮中夹带种子等现象，这些都影响到种子质量。一些经营者缺乏相应清选机械或清选机械达不到牧草种子清选的要求，也会造成种子批中杂质含量高，进而影响种子质量。

（四）牧草种子生产产业化程度低，种子贸易以进口为主

按照草种业发达国家经验，完善的草种产业体系包括种子的研发、繁育、收获、加工、销售服务等，每个环节都需要有公司的参与，才能使得科研与生产实际紧密结合，育种目标明确，成果转化迅速，产业链条完整，利益联结机制紧凑。我国虽然有很多的牧草种子企业，但涉及

牧草种子生产的企业则屈指可数。多数牧草种子公司或涉及牧草种子的公司是以种子贸易为主,通过种子买卖经营企业。种子生产企业也是通过购买育种家的品种使用权获得品种进行种子生产活动,没有自己专门的研发团队,也没有具有自主知识产权的育成品种,使得牧草种子专业化生产水平难以提高,产业化发展格局未能形成,创新的活力和投入的动力不足,导致研发资金靠政府、育成品种跟不上生产需求、良种推广面积小、成果转化慢。

20世纪90年代以来,我国牧草种子进口量呈上升态势,而出口量则呈下降态势,整体表现为进口状态,且贸易逆差呈逐渐扩大趋势。1999年牧草种子进口量为0.64万t,出口量为0.25万t左右;到2010年进口量上升至3.41万t,出口量却下降至0.19万t(刘亚钊等,2012)。2016年我国牧草种子年进口量为3.31万t,年出口量为0.079万t,相比于2014年和2015年4.5万t左右的年进口量,2016年牧草种子进口量明显下降。我国进口的牧草种子主要是黑麦草、羊茅、草地早熟禾、三叶草及苜蓿种子,5种牧草种子的进口量占总进口量的99.96%,其中黑麦草占61.71%、羊茅占23.41%、草地早熟禾占6.10%、三叶草占4.62%、苜蓿占4.13%,其他饲用植物种子占0.04%。

(五)缺少牧草种子生产的认证制度

由于牧草品种在不断的世代繁育过程中遗传物质会产生交流,基因构成会发生变化,品种的性状就会改变。经若干个世代后,品种在基因纯度和遗传一致性方面就会发生大的变化,其优良的表观农艺性状也会随之消失,最终导致品种退化,品种质量下降。尤其是野生性较强和杂交选育的牧草品种,其遗传特性的保持是种子生产的先决条件。种子认证(也称种子审定、良种扩繁制度)是在种子扩繁生产过程中,保证植物种或品种基因纯度及农艺性状稳定、一致的一种制度,它通过对种子生产收获、加工、检验、销售等各个重要环节的行政监督和技术检测、检查,对种子生产和经营的全过程加以控制,从而保证优良牧草品种种子的生产、推广和应用。

种子认证始于 19 世纪末到 20 世纪初，与牧草新品种选育的快速发展相适应，起初新品种的种子繁殖和经营都由育种者或育种单位完成，由于育种单位和个人土地面积的局限，仅能生产少量的种子，限制了新品种的扩繁速度和经营数量。育种工作者或单位将所选育新品种的种子交给农民扩繁，由于缺乏田间管理经验，在种子生产过程中常出现种子混杂等问题，使优良品种特性迅速退化，扩繁种子价值丧失。为此，欧洲和北美均在 20 世纪初开始实行了种子认证制度。1919 年在芝加哥由加拿大和美国代表组织成立了"国际作物改良协会"（International Crop Improvement Association，ICIA），签发美加两国种子认证证书。1969 年更名为"官方种子审定机构协会"（Association of Official Seed Certifying Agencies，AOSCA）。一直以来，按照种子认证的程序要求进行优良品种的种子扩繁，实现由育种家种子到商品种子的遗传稳定性和一致性，保持品种的优良性状。通过种子生产认证制度，保障所生产品种的种子真实性和质量，并保护种子生产者的利益。

目前，我国种子市场中，种子假冒伪劣、掺杂使假时有发生，低价竞销、恶性竞争，尤其是品种知识产权难以得到保护，导致市场波动频繁。因此，针对多年生牧草生长年限长、异花授粉的特性，建立符合我国牧草品种的种子生产认证制度，按照育种家种子—基础种子—认证种子生产的制度，生产各级别种子，制定品种保护、良种繁育、质量状况等方面标签管理的具体规定。农业部行业标准《牧草与草坪草种子认证规程 NY/T1210—2006》的颁布实施，为种子认证制度的开展确定了具体的程序要求和技术标准。

（六）牧草种子生产与加工的机械化水平低

我国牧草种子生产中机械化程度很低，尤其大面积种子生产田在播种、中耕除杂、施肥等一系列田间管理过程中均需要配套的机械设备。牧草种子在成熟收获时，要求在短时间内进行集中作业，否则延迟收获导致成熟种子落粒损失严重，如果遇雨则影响种子的质量，因此，种子收获的机械化程度决定了企业的生产水平和经济实力。而种子加工机械则直接关系到种子的品质和价格，目前缺乏能够提高种子科技附加值的种子包衣、菌根接种等技术，品牌优势不明显。由于机械投入高，没有专业配套的机械，使得我国草种子生产机械化、规模化、集约化、标准化程度低，造成生产成本高、种子质量无保证，缺乏市场竞争力。

不同草种存在明显的生物学特性差异，豆科和禾本科牧草在开花和结实方面明显不同，要求收获机械能够针对种子在植株上的分布位置和成熟规律，将成熟种子都能收起来。康拜因常用来收获苜蓿、老芒麦等牧草种子，但需要生产者针对所收获牧草的结实特性进行机械的调整，如风量、筛板等。针对禾草种子集中于植株顶端的特点，有专门的禾草种子收获机，如羊草种子收获机。但对于结缕草、白三叶等植株低矮的种类，机械收获种子困难，常常采用手工收获。目前国内已有一些草籽收获机械，但多以中小型设备为主，最大工作幅宽 3 m，收获效率低，缺乏大型草籽收获机，不能满足大型牧场的生产需要。我国草种加工机械还处于研发初级阶段，种子收获加工机械类型少，而且国产牧草种子收获机械类型较少，多数只适合单一品种的牧草种子收获，通用性较差，降低了机器的使用效率，同时增加了使用成本。大部分苜蓿种子收获机械都是在现有联合收获机上进行改装（王德成等，2017），这就造成脱粒不干净，种子收获损失多，如苜蓿种子收获时损失量更是高达30%（毛培胜等，2015）。欧美各国专业化的种子生产加工企业，均具备满足各种收获条件下全面机械化的需要，而且清选加工设备规格齐全、配套完整，能够处理多种植物种子。我国牧草种子的清选加工等关键设备主要是靠进口，这也是限制我国草种业发展的不利条件之一。

（七）牧草种子生产经营与监管的相关法规政策不配套

市场是产业发展的基础，而法规、政策、制度是健康市场的保障。贯彻落实《中华人民共和国种子法》《中华人民共和国草原法》、农业部《草种管理办法》等法律法规，强化政府部门的政策指导、市场监管和行政执法职能，形成从种质资源利用、品种选育、种子生产、经营到市场监督各个环节的紧密衔接和高效运行体系是牧草种子市场健康发展的保证。牧草种子贸易管理与市场监管与牧草种子生产及经营息息相关，管理环节存在问题会直接影响市场流通和牧草种子质量。目前管理工作中存在两个方面的问题：一是种子管理工作存在行业横向分割问题，且机构设置重复现象频繁（刘亚钊等，2013；张明均，2017）；二是种子管理队伍不健全。我国的草种子管理工作主要是由县级以上地方人民政府草原行政主管部门开展，但由于人手少以及草原生态建设任务重，难以顾及草种监督管理（刘加文，2016），造成草种子监督管理工作不到位，致使草种子监管相对缺失、生产经营较为混乱。于是市场中便存在未取得草种子生产经营许可证的单位或个人生产经营草种牟利，使假冒伪劣草种流入市场。还有不按规定建立和保存草种子生产档案，生产地点、生产地块环境、亲本种子来源和质量、种子流向等重要信息不明（刘加文，2016）。违法生产经营草种的行为得不到及时而有效的查处和打击。

第二节　我国草种业发展趋势与前景

2000 年以来实施了天然草原植被恢复、牧草种子基地、草原围栏、退牧还草、京津风沙源治理、草原鼠虫害防治、西南岩溶地区草地治理等生态工程，对于优质牧草种子的需求持续增长。2011 年以来，针对草原生态保护和治理、苜蓿草产品生产等开展的草地建设，对于我国草种业发展提出了更高的要求，而单纯依赖野外收集和国外进口，远远不能满足草地建设的需求。因此，加强牧草种子生产技术的研究与示范，克服种子生产过程中的限制因素，建立我国牧草种子专业化生产的优势区域，不仅是促进草种业快速持续发展的重要基础，而且也是推动草业健康稳定发展的关键。现代草业发展的规模和程度均呈现出空前的繁荣景象，草业发展对优良牧草种子的需求也急剧增加，使草种业迎来了前所未有的发展机遇。但是草种业发展所面临的现实问题，在一定程度上减缓了草种业发展的步伐，缺少在国际牧草种子市场上的竞争力。只有建立起自身强大的草种产业，才能在未来国际市场竞争中占据全球种子贸易和产业的制高点，从根本上改变严重依赖进口的被动局面，赢得产业发展的主动权。大力发展中国草种业必须科学谋划、加强管理、健全机制、整合资源、创新驱动。

一、建立牧草种子专业化生产集中区域

我国疆域辽阔，纬度跨越 30 余度，具有多种多样的气候类型和复杂的地形地势，不仅为各种牧草的生长提供有利条件，而且也为各种牧草种子的繁育创造了条件。经过半个多世纪的实践，同时借鉴国外牧草种子专业化生产的经验，专业化种子生产需要建立相对集中的适宜区域，种子生产区域的选择直接关系到牧草种子产量的高低。例如，我国无芒雀麦种子生产技术研究发现，在黑龙江绥化地区种子产量为 284.8 kg/hm^2，在内蒙古通辽地区种子产量为 1 368.4 kg/hm^2（朱振磊等，2011），在辽宁大连地区种子产量为 1 844 kg/hm^2（房丽宁等，2001），在甘肃酒泉地区种子产量为 3 066 kg/hm^2（王佺珍等，2004），造成这种情况的主要原因是生产地区的光照、降水量和温度条件不同。因此必需根据具体草种生长发育特点和结实特性，选择最适宜的区域进行种子生产，为获得种子的高产奠定基础。

经过多年的实践与总结，我国专业化牧草种子生产逐渐向西北地区转移，尤其是以苜蓿种子为主的专业化生产相对集中。尽管在西部地区的气候条件适宜开展专业化的种子生产，但是符合种子生产的地域划分还不够具体，如新疆天山北麓准噶尔盆地东南部（东经 85°17′～91°32′，北纬 43°06′～45°38′）及和田地区（东经 79°50′20″～79°56′40″，北纬 36°59′50″～37°14′23″），光照充足，日照时数均在 2 500～3 000 h，干燥少雨，无霜期长（均在 150 d 左右），适合牧草种子生产。然而自 20 世纪 80 年代以来，先后在新疆各地筹建的 10 余个牧草种子生产基地，能够按照设计目标持续生产的基地则很少，每年新疆地区所需牧草种子需要进口或从甘肃等地调运（麦麦提敏·乃依木、艾尔肯·苏里塔诺夫，2016）。另外，在种子生产相对集中的西北地区，也并不是每个省份的

所有地方都适合生产，还需要更进一步的科学细化，确定适宜的地域才能更好发挥资源优势提高种子生产效益。例如，在甘肃省河西走廊的酒泉、张掖地区，日照时数充足，年降水量少（低于 400 mm），并且有灌溉条件，适宜苜蓿种子生产；而不在这个区域的庆阳等地种子产量就偏低。同样位于河西走廊的瓜州、敦煌，由于风沙大影响苜蓿授粉，灌溉条件不足等原因，就不适合苜蓿种子生产。因此牧草种子生产区域化还需进一步完善和细化，才能达到种子生产的最大效益化。

适宜的区域进行种子生产，是种子获得高产的前提条件。而规模化和专业化的种子生产是实现牧草种子高产的必要条件。规模化和专业化种子生产不仅可以实现种子高产，而且还使资源利用更充分、种子质量均匀，减少生产成本和提高收益。如美国的牧草与草坪草种子平均产量从 20 世纪 40 年代的 $150\sim300$ kg/hm²，提高到现在的 1 125 kg/hm²（毛培胜，2011）。据统计（Mueller，2008），美国每年生产约 3.63 万 t 苜蓿种子，其中种子产量的 85% 来自西部的加利佛尼亚、爱达荷、俄勒冈、华盛顿和内华达五个州。而在美国俄勒冈州 2013 年苜蓿种子的平均产量已经达到 902 kg/hm²。新西兰南岛多年生黑麦草种子产量达到 $2\,500\sim3\,300$ kg/hm²。国外牧草种子生产多年的实践经验表明，在种子生产的适宜区域，通过规模化和专业化种子田的建设和管理，种子产量水平是有很大提升空间的，这对于我国牧草种子专业化生产在区域布局和管理技术上明确了具体方向和要求，也为我国草种业的健康发展提供了有益的参考。

二、加强草品种繁育与种子生产技术体系建设

按照农业部《全国草原保护建设利用"十三五"规划》内容，到 2020 年，人工种草面积增加 1 667 万 hm²，牧草种子田增加 8 000 hm²，优质牧草良种繁育基地增加 5 个，改良草原面积 4 133 万 hm²，粗略估计种子需求量超过 260 万 t，再加上粮改饲、振兴奶业苜蓿发展行动等项目的实施，需要的种子数量将更多。我国牧草种子年均生产量 8 万～10 万 t，难以满足草地建设的需求。此外，尽管每年从国外进口牧草种

子3万~5万t，牧草种子的供需缺口仍然无法弥补。在此情况下，坚持创新驱动，充分利用公益性研究成果，按照市场化、产业化育种模式开展品种研发，逐步建立以企业为主体的商业化育种创新机制。积极推进构建一批草种业技术创新战略联盟，支持开展商业化育种。引导和支持草种经营企业建立自己的研发团队，建设牧草种子生产基地，或采取与大专院校、科研单位联合协作等方式建立相对集中、稳定的种子生产基地，形成以市场为导向、资本为纽带、利益共享、风险共担的产学研相结合的草种业技术创新体系。鼓励支持各种经营主体通过并购、参股等方式进入草种业，优化资源配置，培育具有核心竞争力和较强国际竞争力的"育繁推一体化"草种企业。鼓励外资企业引进国际先进育种技术和优势种质资源，在我国从事品种选育、种子生产、经营和贸易。另外，加强牧草种子生产扩繁体系的建设，除了苜蓿优良品种之外，针对老芒麦、冰草、无芒雀麦等乡土草种建立专业化种子生产基地，合理布局、科学配置生产、收获、加工等管理技术和机械，提高种子生产能力和水平，不仅为草种业的国产化奠定扎实基础，而且也是现代草业发展的迫切需要。

三、加快牧草种子收获加工配套机械的研制与推广

牧草种子专业化生产的过程中，从土地整理、播种、施肥灌溉、化学防治、收获乃至加工都需要一系列配套的机械设备，才能够确保在种子生产各环节达到相应的技术管理要求。由于种子田间管理时间性要求很强，规模化的种子生产在管理时间上的控制更加严格。目前，在种子生产实践中，土地的整理、播种到施肥灌溉都能够配备相应的专业化机械，尤其是在我国西部地区大面积灌溉设施的采用，解决了种子田灌溉的问题。在种子收获方面，尽管种子生产企业采用了康拜因等专业的机械，但由于这些机械主要针对作物，而对牧草种子进行收获时，受株型、花序位置、成熟一致性、种子重量和大小等因素的影响，收获损失严重。因此，在生产中常常需要进行收获机械的改造调整，以提高收获效率。在种子清选加工设备方面，种子清选设备较为成熟，国内有大型

的清选设备制造企业，而且针对牧草种子的清选配套设备能够满足种子质量要求。国内一些种子生产企业均配置了成套的种子清选加工线。但在种子加工处理方面，如去芒、去毛、去荚等加工设备型号单一，种子包衣设备规格型号较完整。

在种子生产所需的机械设备中，收获机械是限制种子产量提高的首要因素；其次，针对禾草或豆科牧草种子生产，种子生产加工机械的配套程度也是关键因素；还有，种子加工处理设备的闲置难以改善种子的质量和提高种子的商品价值，尤其是国产种子包衣处理的应用不足，市场上销售的国产种子常以裸种子进行销售。

总之，在加强种子专业化生产过程中，不仅重视种子生产、收获以及加工机械设备的配套，更要加强科技创新，推动机械设备的普及应用，发挥收获和加工机械设备的重要作用，从田间到仓库提高种子的产量和质量水平。应当加大宣传和培训的力度，通过各种形式的培训，鼓励农牧民在生产中提高机械化应用程度，提升草种业的现代化水平。针对牧草种子收获机械规格型号单一、通用性和稳定性差等问题，利用电子、液压精确控制等高新技术，积极研发新型产品，增加机具的科技含量，提高机具的工作可靠性和通用性；加快对国外先进机械的引进、消化、吸收、利用，使其国产化，降低使用成本。现代草种业的发展离不开高效配套的种子生产、收获和加工机械设备，也为设备制造业的发展提供了更加广阔的空间。

四、完善现代草种业发展配套的政策与加强草种监督管理

市场是草种业发展的基础，而法规、政策、制度是健康种子市场的保障。贯彻落实《中华人民共和国种子法》《中华人民共和国草原法》和农业部《草种管理办法》等法律法规，强化政府部门的政策指导、市场监管和行政执法职能，形成从种质资源利用、品种选育、种子生产、经营到市场监督各个环节的紧密衔接和高效运行体系是牧草种子市场健康发展的保证。针对目前重视农作物种子管理、忽视草种管理的现状，强化各级农牧部门的草种管理职责，明确监管机制和相关责任人员。认

真贯彻落实 2015 年 11 月修订的《种子法》，进一步修改完善《草种管理办法》，加大对草种生产和购销环节的管理力度，定期制定全国草种质量监督抽查规划和各级草种质量监督抽查计划，加强草种质量监督检查。严格草种生产、经营行政许可管理，加强草种行政许可事后监管和日常执法，严厉打击生产经营假劣种子等行为，提高违法行为处罚标准，加强对进出境种子的检验检疫，强化种子企业的生产与经营管理，鼓励扶持龙头企业，在政府贷款、税收优惠等方面提供政策支持。对于种子生产企业在注册资金、技术人员等方面设置一定门槛，提高企业的专业化水平和市场竞争力。加强市场和种子质量的监管，明确市场监管的主体责任，营造公平竞争、健康有序的发展环境，实现种子销售的优质优价。

制定《牧草种子生产认证管理规定》《牧草种子标识管理规定》等相关的规章制度，形成草种生产管理配套的法律法规体系。加强种子质量监督管理体系建设，成立草种子质量监督管理机构，负责草种子认证和草种生产、经营的监督管理工作。加强种子质检体系建设，提升草种子质检机构的检测技术和水平，强化其在草种子质量监督管理中的技术支撑作用。加强草种子监督抽查力度，将草种打假纳入农资打假综合执法工作中，保护优良品种的生产者和消费者的正当利益，保障种子市场贸易的健康持续发展。

五、加强专业技术人员和龙头企业的培养

由于牧草育种工作难度大、周期长，培育一个优良品种需要 15～20 年的时间，并且牧草种子生产对于生产环境选择、种植生产、田间管理、收获加工等具有特殊要求，因此在各生产技术环节都与牧草生产截然不同。近 40 年来，我国的牧草育种和种子科技工作有了长足的进步，建成了一批实验室和实验基地，有了一批包括留学回国人员、博士、硕士在内的科技队伍，承担了包括国家科技攻关、自然科学基金在内的研究课题，为我国育种和种子科学的发展打下良好的基础。但是总体上表现为技术力量比较分散，不能多学科配合协同研究，经费缺乏长

期、稳定地支持，缺乏连续性的系统基础理论和技术研究。造成培育的牧草品种少，形成规模化种子生产的品种更少，草坪草品种则更少，同时在专业化种子生产体系建设上远远不能满足草牧业生产需要。

实施草种业发展战略，应切实加强草种业人才队伍建设。人才队伍建设应注重两个方面：一是应扩大草种业从业人员的规模。这不仅要扩大草业科技人才的规模，更要扩大管理人才、经营人才、技工人才的规模，只有科研人才、管理人才、经营人才和技工人才相结合，一体化才能促进草种业的发展。二是加强从事草种业生产的各种人才梯队建设，避免人才断层。由于种子生产的专业性和特殊性，草种业呈现出对人才要求的专门特点，表现在技术水平和专业程度都具有较高能力的人员才能胜任，还有种子生产周期长的因素，这些均对种子生产专业技术人员的梯队建设提出要求。避免人才断层，保证草种业的可持续发展。

此外，草种业的发展需要充分发挥和调动大企业尤其是龙头企业的带动作用，扶持草种龙头企业的壮大和发展，从根本上解决土地分散、机械化水平低等限制问题，实现种子生产的规模化、专业化，提高种子生产者的经济效益。减免牧草种子生产经营企业所得税，政府为牧草种子生产经营企业提供贴息贷款和贷款担保，鼓励保险公司提供牧草种子生产保险服务，地方财政和企业共同支付保险费，为低于最低收购价销售的企业提供风险补偿。在产品运输、流通等环节开放绿色通道。积极创造和拓展企业发展的市场空间，培育具有国际竞争力的种子企业，带动我国草种业的健康快速发展。

第二章 我国牧草种子专业化生产的限制因素与技术要求

随着经济的发展，人们对畜牧产品需求急剧增加。根据农业部统计，2014年畜牧业总产值已超过2.9万亿元，约占我国农林牧渔行业总产值的28.4%，人均肉类占有量达64 kg。国家统计局公布数据显示：截至2014年底，全国奶牛存栏1 460万头，同比增长1.3%，达到历史最高水平；牛奶产量3 725万t，同比增长5.5%，每头奶牛单产约2.55 t。美国农业部统计显示，2014年美国泌乳牛存栏925.7万头，牛奶产量9 346.2万t，每头奶牛单产约10.96 t，约是中国奶牛单产的4.3倍。如此巨大的差距，一方面是由于我国优良奶牛品种的缺乏和规模化生产技术的落后；另一方面是优质牧草供给不足。为此，国家针对草地畜牧业发展、草原生态环境治理与建设以及种植业和畜牧业产业结构进行了一系列的调整，天然草原改良和优质牧草种植面积的迅速扩大，对牧草种子的需求呈逐年上升的趋势。然而，根据农业部2010年调研统计，我国牧草种子单位面积的平均产量不足400 kg/hm²，与草地畜牧业发达国家相比存在明显差距，无论数量和质量都不能满足我国草业发展和草原生态环境建设对种子的需求。以我国重要牧草紫花苜蓿为例，苜蓿种子产量（300～600 kg/hm²）与美国（440～1 320 kg/hm²）相比较低，苜蓿种子扩繁仍处于初级阶段。国内生产的苜蓿种子仅能满足国内市场的30%，种子需求依赖于进口（Zhang et al.，2017）。

第一节 我国牧草种子生产组织和经营方式

牧草的生产与社会发展休戚相关。从古至今，朝代更替和社会发展影响着牧草种植面积和种植种类，从而形成了不同的牧草种子生产组织形式。以我国人工种植历史悠久的紫花苜蓿为例，从紫花苜蓿引入我国进行种植开始，在不同时期的牧草种子生产组织和经营方式均表现出相应的特点。

一、我国牧草种子生产组织方式

在我国农业生产中，农户留种作为重要的繁种方式一直持续至今。留种与作物生产密不可分，一般情况下，留种是把植株生长表现良好的地块经过筛选提纯等措施专门用于收获种子，作为未来播种时所需的种子使用。同样，牧草种子生产也是作为饲草生产的副产品，尤其是苜蓿、羊草等草种，其传统留种方式就是植株生长整齐、产量高的产草田留作种子田，在种子成熟时进行收获。我国牧草种子生产组织方式的出现可追溯到西汉时期，在历史长河中随着经济和社会的发展变化出现了各种适应时代特征的牧草种子生产组织。

（一）官方主导的种子生产

官方组织生产是代表公众利益的政治家雇佣公共雇员，与他们签订就业合同，合同中会对所需提供的物品或服务做出具体规定。而在古代，官方组织生产则是为了王朝统治需要，皇家下旨官方直接参与生产，或者官方下令以劳役等形式进行生产，生产种子归官方所有。

最早牧草种子政府生产组织可追溯于西汉时期。汉武帝刘彻时期攘夷拓土、国威远扬，东并朝鲜、南吞百越、西征大宛、北破匈奴，奠定了汉地的基本范围，开创了汉武盛世的局面。另有开辟丝绸之路，在轮台、渠犁屯田等创举，并添置使者校尉。开创这一系列的壮举离不开赫赫有名的骑兵战队，为了保证军马的强健，汉武帝于公元前138年和119年，派遣汉使张骞2次出使西域，在带回了良种马的同时，也带回了苜蓿种子，在西安一带种植，以后逐渐扩大到陕西各地，这也是苜蓿种子生产中最早的引种。这在《汉书·西域传》"大宛国，俗嗜酒，马嗜苜蓿""益种苜蓿离宫馆旁，极望焉"（齐预生，2002）；唐代颜师古为《汉书·西域传》作注中"今北道诸州，旧安定北地之境，往往有苜蓿者，皆汉时所种也"（周敏，2004）；《史记·大宛列传》"马嗜苜蓿，汉使取其实来，于是天子始种苜蓿""离宫别舍宫房尽种苜蓿"（杨英等，2001）；陆机的《与弟书》"张骞使外国十八年，得苜蓿归"都有记载（苗阳等，2010）。随后，苜蓿种植面积不断扩大，至唐代，政府生产以驿站展开，《新唐书·百官志》记载"凡驿马，给地四顷，莳以苜蓿"（苗阳等，2010）。元代颁布律法，以保证苜蓿种植作为救命作物以防饥荒，《元史·食货志》详细记载曰："至元七年颁农桑之制，令各社布种苜蓿以防饥年"。

抗日战争期间，在十分艰苦的条件下，在陕甘宁边区的军民仍积极发展畜牧生产，修建草园、种植苜蓿。1942 年，种苜蓿约 133 hm^2，修草园约 266 hm^2。边区政府建设厅还从关中分区调运苜蓿种子，发给延安、安塞、甘泉、志丹、富县、定边、靖边等县推广种植（陕西省地方志编纂委员会，1993）。

这种组织生产方式一直持续到 20 世纪 40—50 年代，仍然以"家家种田，户户留种"的方式为主。从 1978 年开始种子产业实施"四化一供"制度，"一供"为最基层的县级种子公司奠定了垄断专营的合法地位。在 20 世纪 80 年代中期实施了种子经营与管理职能分开的体制改革，但直至 90 年代末，绝大部分县级种子机构仍然保持"一套人马、两块牌子"双重体制，在政府特殊政策庇护下主要从事玉米、水稻、小麦、蔬菜及棉花等农作物种子的垄断生产。同样，对于牧草种子的生产也在全国各地成立了种子繁殖场。1983 年，国营牧草及饲料作物种子场仅有 60 处，约 2 万 hm^2 种子生产田，种子年产量约 2 500 t（王明亚等，2012）；1985 年新疆建立了 24 个牧草种子基地，面积约 8 000 hm^2，此后基地不断扩建，但由于市场变化的影响，种子基地受到冲击，面积萎缩。21 世纪初，农业部增加扶持力度，鼓励支持私有企业参与牧草良种示范基地建设。2000—2003 年，国家先后投资 9 亿元，共建成牧草种子基地 76 个，建成牧草良种的原种田 3 064 hm^2，种子生产田 7.38 万 hm^2（王明亚等，2012）。

中华人民共和国成立前，政府直接参与牧草种子生产主要是为了备战，提供军马饲草或者渡过饥荒，其行为主要是为了维护军事需求，草田种田共用，没有专门的种子田，生产过程全靠人工，没有机械参与，属于传统生产。而在1978年以后，政府直接参与牧草种子生产主要是为了社会经济的发展，草田、种子田界限明确，建立了专业的种子生产基地。

（二）农户组织生产

农户是我国农村最基本的生产单元和微观组织，农业竞争力最终体现在农户的生产效率上，农户的生产效率决定着我国整个农业的生产效率。农户生产也是我国最基本的生产组织，农户生产受农户行为的影响。农户行为是指农户在特定社会经济环境中，为了实现自身经济利益对外部经济信号做出反应，主要包括农户经营投入行为、农户种植选择行为和农户资源利用行为、农户消费行为、农户技术应用行为。

自清政府后期以来，战火延绵不断，导致食不果腹、饥荒连年的局面。中华人民共和国成立初期，中国人均粮食占有量仅有209 kg，远低于联合国提出的粮食安全标准400 kg的底线。为了解决的温饱问题，中共中央在农村开展了多项改革，于1958年首次提出了"以粮为纲"的口号。然而在政策实施的过程中，只种植水稻、小麦和高粱，忽视了花生、豆类和牧草等经济作物的种植。直到20世纪80年代初期实现家庭联产承包责任制以后，以发展粮食生产为主，同时根据当地条件，积极发展其他经济作物和牧业、林业、渔业、副业生产。在此期间，牧草种子生产严重滞后，农户生产草种多出自于"二牛抬杠"的农作方式为耕牛提供优质的饲草，典型代表就是黄土高原区域的紫花苜蓿，每户农民一般都种3~4亩①紫花苜蓿，养殖2~3头耕牛便于耕作。苜蓿种子生产则是预计来年要种多少，适当的保留草田留种，或者是今年耕牛减少后，苜蓿草将有结余，则保留草田留种。这种牧草种子生产的方式，

---

① 亩为非法定计量单位，1亩≈667 m^2。

在西北地区尤其是紫花苜蓿生产大省的甘肃地区占相当大的比例。

农户生产方式属于草田和种子田兼用，没有专门的种子生产田，农户根据自己需求进行合理留种，基本属于自给自足，生产过程全靠人工，没有或少有机械参与。

（三）企业组织生产

企业一般是指以盈利为目的，运用各种生产要素（土地、劳动力、资本、技术和企业家才能等），向市场提供商品或服务，实行自主经营、自负盈亏、独立核算的法人或其他社会经济组织。草种子生产企业以牧草种子生产为主，向市场提供种子，实行自主经营、自负盈亏、独立核算的法人企业。企业生产以市场为导向，根据市场需求确定种子生产目标。我国的草种子市场的形成和发展源于1978年改革开放，家畜饲养规模和草地畜牧业的快速发展，以及城乡建设绿化和环境美化，在一定程度上刺激了牧草种子市场的活力。另外，在1992年《我国中长期食物发展战略与对策》报告中，明确提出了"要将传统的粮食和经济作物为主的二元结构，逐步转变为粮食—经济作物—饲料作物的三元结构"。这一战略构想为草业市场的发展提供了巨大空间，同时也涌现了一批技术实力雄厚的牧草种子生产企业，比较典型的有酒泉大业种业有限责任公司和酒泉市未来草业有限责任公司等。

1. 酒泉大业种业有限责任公司（简称"酒泉大业"）

酒泉大业是2000年9月建成的集优质牧草、草坪草、生态草种子繁育、生产、加工、销售为一体的种子生产企业。现已建成科技示范田约530 hm^2，种子生产田约1 300 hm^2，年产牧草、草坪草种子1 000 t以上。建成牧草、草坪草种清选加工厂一座，其设备成套引进加拿大LMC公司草种清选加工设备，采用风选、比重选、窝眼选和种子包衣等工艺，年清选加工能力5 000 t。拥有一个集产品检测、研发于一体的科研所，开展完成了"牧草超高温瞬间干燥技术研究与产业化开发""优质苜蓿草产品生产加工综合技术的研究与产业化开发""深加工产品试探性研究"等项目，其中"牧草超高温瞬间干燥技术"成果已通过省级科学技术成果鉴定，并被认定为"省级企业技术中心"。

酒泉大业与中国农业大学、中国农业科学院、甘肃农业大学等院校单位合作，共同承担多项国家和部级科研项目，开展"863"计划优质苜蓿抗旱新品种筛选，"十五"国家攻关项目"苜蓿良种繁育、清选加工、质量检验及贮藏技术研究与产业化开发"、"紫花苜蓿、高羊茅种子生产综合技术研究"，承担国家"948"引进和推广国际农业科学技术重大项目"退化草地综合改良与草地建设配套技术的实施"、农业部科技成果转化资金项目"优质高产牧草种子生产技术转化与推广"等。经公司选育生产，提供种源的优质牧草草种已达三大类22个品种。

酒泉大业经多年生产实践，探索出"公司＋农户＋科研＋基地"的生产模式，以科技为支撑、以市场为导向、以农户为基础、以加工为龙头、以科研为保障、以基地为示范，走企业、科研院所、育种家与农户共同发展的道路。

酒泉大业实行的"公司＋农户＋科研＋基地"的生产模式很有特色，以公司为主导，公司负责给农户提供种源，指派公司专业技术人员指导农民种植管理，农户在自家农田种植、负责田间管理和收获，收获后种子卖给公司，降低了企业生产成本，实现了企业和农户共同受益、风险共担、降低企业和农户的生产风险。

2. 酒泉市未来草业有限责任公司（简称"未来草业"）

未来草业成立于1999年5月，是一家集牧草与草坪草种子的生产、加工、销售为一体的草种企业。公司法人及种子生产技术负责人均于1984年毕业于甘肃农业大学草原系，多年从事牧草种子生产、加工、销售工作，具备较强的专业技能知识。于1999年参与了甘肃草原生态所申报的农业部"948"项目，引进国外草坪草与牧草种子生产技术，负责在酒泉引进建立国外草坪草、牧草良种繁育项目，通过5年的引进、试验、推广，于2004年通过了专家验收，为牧草良种繁育奠定了基础。

未来草业自成立以来，致力于优良牧草的引进、生产、加工等方面的研究实践，并与甘肃农业大学草业学院、兰州大学草地农业科技学院、宁夏农林科学院、青海牧科院就牧草良种繁育方面进行合作，经过多年的引进、试验、推广，使苜蓿种子的生产水平由推广初期的亩产 $20\sim30\,kg$ 提高至目前的 $60\,kg$。

未来草业拥有苜蓿良种繁育基地约 $260\,hm^2$，位于肃州区临水乡暗门村以东，距肃州区县城 $31\,km$。属于典型的盐碱化荒滩地，每年可生产苜蓿良种约 $300\,t$，建成牧草种子清选加工厂一座，拥有全套种子清选和包衣设备 3 套，种子晒场 $3\,600\,m^2$，种子清选车间 $800\,m^2$，种子库房 $750\,m^2$，标本工作室 $70\,m^2$，功能齐全的种子检测室 $150\,m^2$，年加工清选能力达 $3\,000\,t$。经过公司近几年的建设，先后投资 300 万元建成紫花苜蓿良种繁育基地 $150\,hm^2$，预计每年可向市场提供 $140\,t$ 优质紫花苜蓿种子。

企业生产的优势在于拥有自己的种子基地，有自己的种子田，企业根据市场需求可以科学合理地调整种植规模，能够进行机械化、规模化生产。

（四）育种家组织生产

在我国牧草育种工作中，教学和科研单位是育种的主要承担者，育种家通过争取各级政府部门的科研项目经费开展资源的收集和新品种选育工作。育种家培育新品种的同时获得育种家种子，是由育种者亲自选择培育而产生的纯度最高、种性最标准的原始种子。但育种家种子数量有限，往往保存在育种家或育种单位，在生产中难以大面积推广使用。因此，育种家为了进一步扩大和推广所培育品种的应用范围，常常自己建设专门的种子生产田，组织进行选育品种的种子扩繁。这种形式可以确保品种的真实性，有利于新品种种子的市场流通，尤其是可以弥补国内种子企业专业化生产的不足。但由于育种家或育种单位在种子市场中的局限，育种家种子应在生产基础种子过程中发挥优势作用，而商品种子的生产势必将以专业化的种子生产企业为主体。

虽然我国牧草种子生产历史悠久，从西汉时期开始的政府生产到中华人民共和国成立后的农户生产、企业生产和育种家生产的发展阶段经历了数千年，但是我国牧草种子生产仍处于初级发展阶段。目前，牧草种子生产还是以育种家生产和农户生产为主导，而不是以企业生产为主导。不过，经历了多年的探索，企业生产的"公司＋农户＋科研＋基地"的生产模式将会在未来一段时间内的种子生产中占主导地位，以科技为支撑、以市场为导向、以农户为基础、以加工为龙头、以科研为保障、以基地为示范，走企业、科研院所、育种家与农户共同发展的道路。

二、我国牧草种子经营组织

牧草种子生产的同时伴随着种子的经营活动，根据社会发展阶段不同，牧草种子经营组织在市场中所起的主导地位不同。在牧草种子经营过程中，由于法律法规的局限和政府监管的忽视，存在着市场投机、混乱等问题，种子质量和品种真实性无法保障。作为传统的农业大国，形成了以农作物、蔬菜种子为主的种业经营结构，其中牧草种子在市场贸易中所占比例很低，难以得到政府部门的高度重视，表现在相关政策规章的制定不配套完善、市场监管不力等方面。此外，草品种的保护措施和专业化种子生产技术不规范，企业或个人可通过自己留种来满足其生产需求，新品种的优良特性受生产技术水平的限制，其产量有限难以满足草产业规模化发展的需求，尽管具有较高的市场价格，但其品种真实性评价的不确定性，也成为影响种子正常经营的重要因素。特别是近年来随着"振兴奶业苜蓿发展行动"、"退牧还草"和"草原生态保护补助奖励机制"的全面启动，牧草种子市场贸易明显扩大，对优良牧草品种种子的需求量急剧增加。这种形势导致牧草种子供求关系紧张，种子价格也明显波动，同时也为一些不法经营活动提供了空间，不遵守有关法律法规，随意收购，造成了较为复杂的牧草种子经营组织。

（一）政府组织经营

政府经营是指以政府为主导，为了社会和经济发展需要直接参与经营活动。牧草种子经营伴随牧草种子生产的同时，持续了数千年。由于军事战略以及社会发展的需要，在特定的历史时期都需要政府组织的保护经营。

最早的牧草种子经营出现于西汉时期，元狩四年（公元前119年），张骞第二次奉命出使西域。汉武帝命带牛羊万头，金帛货物进行文化和商品交流。在《史记·大宛列传》中有相关的记载："……天子以为然，拜骞为中郎将，将三百人，马各二匹，牛羊以万数，赍金币帛直数千巨万，多持节副使，道可使，使遗之他旁国。"《汉书·张骞李广利传》《汉书·张骞传》中也有相同的记载。张骞从西域带回苜蓿种子，应该是最早的牧草种子政府交易。

自1949年至1978年，主要是由政府组织为主进行的牧草种子生产经营。1978年后，胡耀邦同志视察甘肃，提出了"种草种树、发展畜牧、改造山河、治穷致富"的号召，全国开展了牧草种植和牧草种子生产活动，草业呈现出飞速发展。到1984年8月底全国可生产各类牧草种子1.6万t，可供省间调拨的商品种子达3 400 t。同年，农牧渔业部畜牧局和中国牧工商联合总公司在石家庄市召开了全国牧草种子经营管理工作会议，检查清理了牧草种子预购定金的使用和偿还情况，制定了全国牧草种子暂行管理办法，初步商定了牧草种子销售参考价格。这些措施有力推动了全国牧草种子经营管理工作。

政府组织经营的特点在于由政府部门作为经营主体，参与种子的定价及种子量的需求控制。这种方式有利于保护贸易量较小的草种业发展，此外，也对现代草产业的规模化发展具有稳定的推进作用。

（二）农户简单交换经营

人类在生产和生活的早期就可以通过以物易物的方式，交换自己所需要的物资。在种子交易方面，农户之间直接通过种子交换进行交易，不仅可以满足农户购买种子的需求，而且也有利于种子的流通和交流，保持良好的种用性状。

在农户简单交换经营方式中，可以表现为同种交换方式，就是相同的牧草种子交换。这种交换形式可以是借用种子的农户用同样等量种子归还，也可以采用不同品种间的等量种子交换，农户之间没有利润，属于农户互助发展。另外，也可以通过不同种类种子互换方式来进行，农户之间经协商后将不同种类种子进行交换。农户间不同种类交换方式在牧草种子生产经营中很常见，这种经营形式的特点是无证交易、不经过货币、交换量较少、交换农户靠友情维持保证交易。

（三）小商贩组织经营

按照商法学的角度，小商贩作为商业主体的一个组成部分，进行经营活动的目的并非是营利性的，而是作为本人以及家庭谋生的手段。小商贩经营指本小利微无固定场所经营贩卖货物。

从古至今，小商贩经营在我国农村牧区的货物交易中起着不可替代的作用，尤其是小商品、种子和农药的交易。农村牧区牧草种子经营量往往不大，一般走家串户进行收购买卖牧草种子。

小商贩经营牧草种子特点是上门服务，没有固定的经营场所，出现在乡村集市或者设立代购、代售点，所贩卖的牧草种子年限不清、品种混杂，发芽率无法保证。

（四）企业组织经营

企业经营，是指企业以市场为依托，以企业所提供的产品、服务和资产交换为内容，以提高经济效益为目的，以求得企业生存和发展为目标，使企业的生产经营活动与企业外部环境保持动态平衡的一系列有组织的活动（袁竹等，2015）。我国牧草种子企业组织经营始于 20 世纪90 年代初。国家于 2000—2003 年先后投资 9 亿元在内蒙古、新疆、甘肃等省区建成牧草种子基地 76 个（王明亚等，2012），牧草种子企业经营开始活跃。我国牧草种子经营企业的数量随着草产业的发展也呈现迅速增长。企业通过代理美国、丹麦、加拿大等国家种子公司的牧草或草坪草品种销售，在草地早熟禾、高羊茅、多年生黑麦草、白三叶和紫花苜蓿等重要草种的优良品种引进和国内乡土草种种子市场流通方面发挥积极作用，为我国生态治理、水土保护、园林绿化、畜牧业发展和运动场建设等种子需求提供了重要支持。如北京克劳沃草业技术开发中心、北京绿冠种业发展有限公司、北京正道生态科技有限公司和北京猛犸种业有限公司等。

1. 克劳沃（北京）生态科技有限公司

克劳沃集团成立于 1994 年，是农业部所属专业化从事草业发展的国有企业，与国外多家专业公司保持了良好的合作伙伴关系，是"中国种业 50 强企业"中唯一的草业企业。集团在国内下设众多子公司和分支机构，形成了从科研、进口、储运、营销到售后服务的完整体系，是中国草种业界龙头企业。

克劳沃（北京）生态科技有限公司是农业部所属大型专业化草种龙头企业，是中国草业界的进出口企业之一，也是克劳沃集团的核心企业。中心的主要业务涉及牧草、草坪草、生态草和景观草种子的市场营销、技术服务和科研开发，中心与国际种子公司合作，常年持续稳定地向国内畜牧、园林、体育、交通以及水土保持等行业提供能够适应不同气候条件和不同用途的冷、暖季型草坪草、牧草和生态草种子。

2. 北京绿冠种业发展有限公司

北京绿冠种业发展有限公司成立于 2000 年，已发展成为下辖 9 家控股子公司的多元化投资控股集团。以草业、林业为发端，拥有草业自营进出口权的民营企业，也是国家草业、林业的龙头企业。业务涉及草业、林业、油茶、高尔夫、园林景观、投资等领域，构建了一条覆盖草业、林业、油茶、高尔夫、园林景观、绿色食品等领域的"绿色生态产业链"。

北京绿冠种业发展有限公司是集育种生产、加工销售、技术咨询为一体，以草坪草种子、草茎、牧草种子、水土保持植物种子、花卉、林木种子、饲料种子为主营业务，拥有 200 多个自主商标注册权品种，已在全国 30 多个省（自治区、直辖市）建立了销售网络体系和售后服务跟踪体系。

3. 北京正道生态科技有限公司

北京正道生态科技有限公司成立于 2005 年，业务范围包括草坪草、牧草、草本花卉种子的进出口及国内草种生产、采购、加工及市场营销、技术服务和科研开发等。

北京正道生态科技有限公司拥有农业农村部农作物种子和草种进出口资质,以及国家林业局林木种苗进出口经营资质,与美国、加拿大、荷兰等50多家草业相关公司建立了紧密的业务合作关系。公司代理美国 WL 品牌全系列紫花苜蓿品种以及专业紫花苜蓿育种公司的品种,为国内外客户提供优质的紫花苜蓿种子,现已发展成为国内重要的紫花苜蓿种子进出口供应商之一。

4. 北京猛犸种业有限公司

北京猛犸种业有限公司成立于 2010 年,拥有两个子公司,分别为甘肃猛犸种业有限公司和甘肃厚生草业有限公司。公司从事与牧草、草坪草及花卉种子相关的育种、制种、销售业务,主要包括牧草、草坪草和饲料作物种子的进出口及销售;牧草种子和花卉种子的育种、制种、销售。北京猛犸种业有限公司拥有中华人民共和国农业农村部颁发的《草种经营许可证》和国家林业局颁发的《林木种子经营许可证》,可从事许可证项下相关产品的进口及代理进口业务。

从 1995 年到 2016 年,牧草种子进口量呈现不断增长的趋势,并且种子进口量变化与国内草业发展政策紧密相关。同样,国家草地生态建设、种植业结构调整、城乡绿化等工程建设实施也促进了种子企业的数量增长。企业在种子进出口贸易中发挥了主体作用,确保国内种子市场的流通和进口种子的补充。企业组织经营牧草种子表现在于企业拥有固定的办公场所和种子经营许可证,种源及品种清晰,是草种业健康发展的主体。

第二节　我国牧草种子专业化生产的限制因素

自 1949 年以来,我国种业的发展一直受到各级政府和农牧民的关注,对于专业化种子生产的要求不断提高。尽管我国较早开始牧草种子生产基地和种子质量检测机构的建设,但受传统观念的局限,普遍将饲草生产与种子生产兼顾，缺少专业化种子生产的技术和管理，常常是广种薄收，造成种子产量低、质量差的现象长期存在。在生产过程中，田间管理粗放，不除杂、不设隔离带，更有大多数种子为农牧民采自非种子田，加之种子收获及清选的技术落后，缺乏必备的机具，所产种子大部分为其他植物种子超标、净度及发芽率较低的不合格种子。这些种子在市场上流通，严重地影响了草地建设的质量，也造成了一些不必要的损失。为此，牧草种子专业化生产必须突破以下限制因素：

一、牧草种子专业化生产的区域性

由于牧草种子生产和饲草生产的生长要求不完全相同，生产牧草种子所需要的气候环境条件与饲草生产不完全相同。在饲草生产表现良好的区域，可能出现不结实或结实率极低，种子产量低难以实现规模化生产。尤其是在我国地域辽阔、气候多样的条件下，同一种牧草在不同地区的种子产量变化很大。另外，在美国、加拿大、新西兰等草种业发达国家的实践也证明，专业化种子生产需要选择适宜的区域，才能保证种子高产和稳产。因此，牧草种子专业化生产必须确定牧草种子对生产区域的要求。

牧草种子生产的区域选择要由气候条件和土壤环境共同决定。气候是大气物理特征的长期平均状态，与天气不同，它具有稳定性。时间尺度为月、季、年、数年到数百年以上。农业气候条件主要从气温、降水、光照、气温日较差来体现。农业气候条件与牧草种子生产过程中植株的生长物候期相适应，如繁殖生长阶段多光少雨、种子收获期要避开雨季等有利于牧草种子的生产，此区域如果土壤环境对草生长影响不大，则可为此牧草的种子生产区域。

土壤环境主要包括土壤的理化特性以及地势地貌等。土壤的物理性质决定着土壤的土壤养分的保持、土壤生物的数量等其他性质。因此，物理性质是土壤最基本的性质，包括土壤的质地、结构、比重、容重、孔隙度、颜色、温度等方面。存在于土壤孔隙中的水通常是土壤溶液，它是土壤中化学反应的介质。土壤溶液中的胶体颗粒担当着离子吸收和保存的作用；其酸碱度决定着离子的交换和养分的有效性；其氧化还原反应则影响着有机质分解和养分的有效性。因此，土壤化学性质主要表现在土壤胶体性质、酸碱度和氧化还原反应三个方面。土壤的理化性质决定了土壤的耕作性，它对植物的生长起着决定性的作用，不同种类的牧草适宜的土壤类型不同，大部分牧草喜中性土壤。紫花苜蓿、黄花苜蓿等牧草适宜于钙质土；羊草、碱茅等牧草适宜于轻度盐碱土壤；作为种子生产的土壤最好为壤土，壤土持水力强，有利于耕作，适于草类植物根系的生长和吸收足够的营养物质。肥力要求适中，土壤中除含有足够的氮、磷、钾、硫元素外，还应有与植株生长有关的硼、钼、铜和锌等微量元素。此外，牧草种子生产区域需要选择地势开阔、通风良好、光照充足、地层深厚、肥力适中、灌排方便、杂草少、病虫危害轻的土地。异花授粉草类的种子田最好邻近防护带、灌木丛以及水库近旁，以便于昆虫授粉。

二、品种来源与质量控制

我国牧草种子生产田大部分为草田、种子田兼用。受传统重粮轻草观念的影响，无隔离，管理粗放，大多属于广种薄收的状况，种子产量较低。此外，农民和生产企业常根据市场需求情况进行组织生产或种子收集，也有大量种子来自野生植物。还有种子收获及清选的技术落后，缺乏必备的机具，所销售的种子常常未经清选或仅通过风筛初选，导致种子的品种来源不清和物理质量较差。

（一）牧草品种选育

种子质量不仅包括物理质量，更重要的是品种质量。通过种子扩繁要保证品种的真实性和遗传特性。提高种子质量首先是通过加强新品种选育工作，驯化选育优良品种和引进优良品种获得优质种子。驯化选育优良品种是利用野生牧草在漫长的自然选择中表现出良好的适应性和某些优良特性，通过有目的的驯化选育，便可很快培育出优良的品种。同时，还可对野生牧草的优良特性加以利用，作为育种原始材料进行应用。引进优良品种是利用国外在长期的生产实践中培育出多种适于不同利用方式的优良品种，如加拿大培育出的耐牧型苜蓿、低膨胀病苜蓿等品种，通过引种直接用做良种，可减少新品种培育时间，补充国内优良品种的不足。还可引进育种材料，提取优良基因，为培育自己的良种服务。通过育种工作，可以从源头解决问题。我国育种工作起步于 20 世纪 50 年代，相比西方国家起步较晚，直到 20 世纪 80 年代才开展草品种审定工作。1987 年 7 月，原农牧渔业部发文正式成立第一届全国牧草品种审定委员会，成为我国唯一的国家级草品种审定机构。全国草品种审定委员会成立和农业部《草种管理办法》《草品种审定管理规定》相继颁布实施，使我国草品种审定体系得到逐步完善，有力地推动了新草种的选育、引进、整理、驯化等工作。截至 2018 年，共审定通过了 559 个新草品种，其中育成品种 208 个，地方品种 59 个，野生栽培品种 121 个，引进品种 171 个。近 30 年的草品种审定工作使我国长期存在的品种杂乱现象得到改变，基本摸清了我国草品种的分布、适应区域和利用现状，能够提供适应各区域的一定数量的优质牧草品种种子。

（二）品种与种子质量监管

既要保证种源质量，也需要在种子生产和流通环节加强监管，从生产和流通上解决种子质量的问题。由于草品种在不断的世代繁育过程中遗传物质会产生交流，基因构成会发生变化，品种的性状就会改变。经若干个世代后，品种在基因纯度和遗传一致性方面就会发生大的变化，其优良的表观农艺性状也会随之消失，最终导致品种退化。种子的品种质量下降，尤其是对于野生性较强和杂交选育的草品种，其遗传特性的保持是种子生产的先决条件。另外，在草品种选育过程中，通过杂交选育不同抗性品种在其植株形态特征方面差异不大，从形态表现较难判断品种之间的差异，但由于利益的驱使，容易滋生以次充好、冒名顶替等劣质、假种子在市场上流通。要从根本上解决这一难题，需从种植生产和流通环节的监管做起，建立强有力的种子生产认证制度、种子追溯制度和品种退出制度。

种子认证作为在种子扩繁过程中，保证植物种或品种基因纯度及农艺性状稳定、一致的一种制度，通过对种子生产收获、加工、检验、销售等各个重要环节的行政监督和技术检测检查，对种子生产和经营的全过程加以控制，从而保证优质牧草品种种子的生产、推广和应用。种子认证始于19世纪末20世纪初，与新品种选育的快速发展相适应。起初新品种的种子繁殖和经营都由育种者或育种单位完成。由于育种单位和个人土地面积的局限，仅能生产少量的种子，限制了新品种的扩繁速度和经营数量。育种工作者或单位将所选育新品种的种子交给农民进行扩繁，由于缺乏田间管理经验，在种子的生产过程中常出现种子混杂等问题，使优良品种特性迅速退化，扩繁种子价值丧失。为此，欧洲和北美均在20世纪初开始施行了种子认证制度。一直以来，按照种子认证的程序要求进行优良品种的种子扩繁，实现由育种家种子到商品种子的遗传稳定性和一致性，保持品种的优良性状。通过种子生产认证制度，保障所生产品种的种子真实性和质量，并可保护种子生产者的利益。

在我国种子市场贸易发展和完善过程中，种子假冒伪劣、掺杂使假时有出现，低价竞销、恶性竞争，尤其是品种知识产权难以得到保护，常常可造成市场价格波动频繁。因此，针对多年生草生长年限长、异花授粉的特性，建立符合我国草品种的种子生产认证制度，按照育种家种子—基础种子—认证种子生产的制度，生产各级别种子，制定品种保护、良种繁育、质量状况等方面标签管理的具体规定势在必行。原农业部行业标准《牧草与草坪草种子认证规程 NY/T 1210 - 2006》的颁布实施，为种子认证制度的开展确定了具体的程序要求和技术标准。

种子追溯管理制度是指在种子供应、生产管理、仓储物流、营销相关业务环节采取合适的软硬件技术手段实时记录种子信息，可通过查询随时跟踪种子的生产状态、仓储状态和流向，以达到种子追溯管理目的的规定。种子质量可追溯制度的建立可以保护牧草种子行业健康稳定发展，避免优质良种受到劣质种子的牵连。可追溯制度的建立还可以有效区分产品质量问题的来源及相关责任，避免出现将种植不当造成的种子或饲草减产错误归为种子企业的责任。在假冒伪劣种子问题出现时，可追溯制度能够快速查找具体问题的环节，明确生产者、销售者的责任，既可提高行政工作效率，又可避免无关企业受到牵连，有利于草种业的健康有序发展。

为了规范和推动种业的种子质量监管，2013年国务院办公厅发布了《关于深化种子体制改革提高创新能力的意见》，明确提出要"建立种子市场秩序行业评价机制，督促企业建立种子可追溯信息系统，完善全程可追溯管理。"2015年4月22日十二届全国人大常委会第十四次会议审议通过了《中华人民共和国种子法（修订草案）》，规定建立种子企业生产档案并可追溯。农业部在《2016年全国农资打假专项治理行动实施方案》中，将种子质量追溯试点列为农业部的工作重点，并提出建立覆盖生产、流通和使用全过程的种子电子追溯制度，以加强种子产品信息可查询、流向可追踪、主体可溯源的信息化管理。2017年1月1日起实行农业部制定的《农作物种子标签和使用说明管理办法》，要求在中华人民共和国境内销售的农作物种子应当附有种子标签二维码和使用说明。《农作物商品种子标签二维码编码规则》则对种子标签二维码作出规定：农作物商品种子标签二维码是行业内农作物商品种子的唯一标识，一个二维码对应唯一一个最小销售单元种子，不得重复或冲突。农业农村部要求二维码应呈现以下四项信息：生产经营者、品种名称、产品识别码、产品追溯网址信息。在国家制定各项制度加强种子质量监管的同时，也积极发挥政府信息平台的功能，通过信息共享和权威发布，积极采取各种形式推行种子质量可追溯系统。农业农村部种子局在中国种业信息网上建立了全国种子可追溯试点查询平台，该平台以中国种业信用明星企业为主体，将多家种子企业所有的玉米、水稻、小麦品种进行委托经营，实现种子质量全程可追溯。用户可以通过输入相关产品追溯代码或通过智能手机查询，直接辨别种子真伪。

针对牧草或草坪草品种的推广，尽管我国现有品种559个，但其中育种家培育的品种只有208个，而在这些品种中能够在市场上进行生产流通的仅占少数。优良草品种在种子生产和经营过程中缺少品种遗传特性和种子质量的追溯和管理制度，常常无法确定其品种质量状况，增加了市场监管难度和农民用种风险。通过开展种业全程可追溯管理，让消费者能买到放心种子，让假冒伪劣和套牌侵权种子无法进入市场流通。然而，草品种的种子追溯管理尚未起步，要保证种源质量，牧草种子专业化生产必须落实牧草种子追溯制度。

在大力推进新品种选育和推广过程中，由于品种退化等原因出现的无法满足种植需求的品种应及时淘汰，品种退出也是政府加强品种质量监管的重要内容。农业部 2007 年对主要农作物品种审定办法（2001 年 2 月 26 日农业部令第 44 号发布）进行了修订，其中第二十六条修改为：审定通过的品种，在使用过程中如发现有不可克服的缺点或者种性严重退化，不宜在生产上继续使用的，由原专业委员会或者审定小组提出停止经营、推广建议，经主任委员会审核同意后，由品种审定委员会进行不少于一个月的公示。公示期满无异议的，由同级农业行政主管部门公告。自公告发布之日起，该品种种子停止生产；公告发布一个生产周期后，该品种种子停止经营、推广（杨国航等，2011）。国内许多省份相继出台了配套管理办法，初步建立了品种退出机制。通过农业部公告形式发布已经完成了 4 次审定品种的退出，主要涉及小麦、玉米、水稻、蔬菜等品种，其中尚无审定草品种退出（杨国航等，2011）。事实证明，审定品种的科学管理对于种业生产和市场的健康发展是非常必要的。在草品种中大量"休眠"品种的存在表明，我国草品种审定不仅需要科学的登记制度，而且更需要合理的品种退出机制，这样才能发挥育种家、企业技术优势和商业价值，推出的品种能够更多得到企业和市场的认可，提高草种业的市场竞争力。

种子生产认证、追溯和品种退出制度是品种质量管理的重要制度，建立健全和落实草品种种子生产认证制度、种子追溯制度和品种退出制度方可对生产和流通环节进行有效的监督、管理，维护种子市场秩序，只有从品种和种子监管制度加强管理，才能突破种源质量的限制，实现牧草种子产业化的生产。

三、田间管理关键技术

种子生产田的田间管理是在大田生产中从播种到收获的整个植株栽培过程所施行的各项技术措施的集成，为植株的营养生长和种子发育创造良好条件的劳动过程，具体环节包括镇压、间苗、中耕除草、追肥、灌溉排水、病虫害防治、授粉等。牧草或草坪草多为多年生，与一年生作物的种子生产完全不同，在田间密度控制、开花和种子成熟的一致性和落粒性等方面，牧草种子田具有更高的要求。必须根据各地自然条件和植株生长发育的特征，采取针对性措施，才能提高种子成熟的一致性和产量水平。不同草种间种子大小、形状差异很大，播种密度的均匀性很难控制，且种子田较草田播种密度小，容易滋生杂草，水肥控制不均匀易导致种子成熟不一致；收获不及时，出现种子落粒降低种子产量。因此，必须加强种子田管理，确保种子产量稳定。

（一）建植技术

由于牧草与草坪草种子细小，且形状不规则，对于土壤平整度、紧实度的要求较高，播种后种子出苗风险大，土地整理和播种技术操作不规范，影响出苗的整齐度，将直接影响植株开花和结实的一致性，导致种子产量水平的下降。在种子田土地整理、苗床准备时，首先要对苗床耕翻耙糖，以保证苗床精细平整、减少杂草的侵害和其他品种的混杂；其次是选择适宜的播种机械，采用条播或穴播的方法，控制播种时间、播种量和播种深度，完成播种。

（二）杂草控制技术

由于牧草与草坪草苗期生长缓慢，易受杂草抑制。杂草滋生严重将可造成幼苗生缓慢，影响植株生长整齐度，而且杂草种子收获会增加种子的混杂程度，降低牧草种子净度。在播种时，采用合理的播种密度，控制时间，选择杂草生长较弱的时期播种，以提高幼苗的生长竞争能力，促进幼苗生长。通过合理密植，控制杂草的生长速度，减少杂草防治的投入成本。另外，防除杂草还要采取预防措施，不但对引进的种子严格检疫和除杂，还须坚持使用腐熟肥料和清除灌溉水中的杂草种子。

在植株生长期间，根据杂草的种类和生长情况，适时采用中耕除杂技术，种子田应在杂草开花前清除，杜绝杂草利用种子的传播和蔓延。杂草控制也可采用化学防除的方法，但易造成环境污染，并且科学选择最佳的化学药剂，避免药剂残留和对种植草的不利影响。根据各类除草剂的使用说明、施用对象，进行科学合理施药。

（三）施肥和灌溉技术

在牧草种子专业化生产中，针对植株营养生长、开花和种子发育所需要的水分和养分，进行及时合理的施肥与灌溉，通常施肥与灌溉是相互结合在一起的。在草种子田管理过程中，采取各项措施的目的是将植株的营养物质更多向种子中转移，满足生殖生长的营养需求，以此获得更高的种子数量和产量。种子田施肥管理需要种植者了解植株养分需求规律，特别是在返青、开花以及种子收获后等关键时期。施肥效果在很大程度上取决于施肥时间，依据植株养分需求规律和参照土壤中养分含量的多少确定施肥时间和施肥量，才能获得最佳种子产量。另外，也需要按照豆科、禾本科草生长习性的不同，施用相应种类的肥料，避免肥料的滥用，造成地上部分植株的营养生长过剩，严重抑制了花序数量，造成种子产量的下降。施肥时通常将肥料施入植株根部附近土壤内，也可以喷施于植株地上部分各器官的表面。

种子田水分管理要求较为特殊，通常情况下适度干旱有利于种子生产，但在返青、开花和收获后等水分敏感时期需要及时合理灌溉，既可确保分枝分蘖、小花和种子发育、花芽分化等过程正常完成，又可提高水分利用效率，避免枝条营养生长过剩。根据牧草的生长发育特性、气候状况和土壤条件制定合理的灌溉制度。在生产实践中，常常将施肥与灌溉相结合，尤其是利用各种灌溉设施将肥料溶解于水中，直接进行灌溉，虽然方法简便，但对于肥料施用的均匀程度应高度关注。

（四）病虫害防治技术

影响牧草种子生产的关键因素之一就是病虫害的发生。种子田从播种建植或返青后直到种子成熟收获一般需要 5～6 个月，只能等到种子成熟时才能收获，在此期间任何影响种子成熟的因素都会造成种子减产。因此，牧草种子田的病虫害防治尤为重要，特别是一些作为种子贸易检疫对象的病虫更应采取有效的措施加以防治。在种子田中，易受蓟马、蚜虫、籽蜂等虫害威胁，病害中以麦角病、黑穗病、根腐病、锈病等最为常见。在日常管理中，一经发现就应及时控制，病虫害的根除须以防治为主。在病虫害出现早期可以通过化学药剂进行控制，可以达到较好的控制效果。一旦病虫害严重发生，可能难以通过药剂喷施进行防治，将对种子产量造成不可避免的损失，甚至全部损失。可见，种子田病虫害发生形成的严重后果，将比饲草生产更加严重，一年的辛苦到头来却颗粒无收，对规模化生产和产业发展造成严重打击。因此，种子生产者需要根据种植区域的气候条件、病虫害发生规律以及牧草或草坪草植株生长发育特性采取相应的预防措施。可以通过选择抗病、抗虫品种，选用高净度的种子以及合理的种植制度来控制种子田病虫害的发生，不仅降低田间管理成本，而且有利于种子高产和稳产。

四、牧草种子收获的机械化水平

在牧草种子生产实践当中，以农户为单元的小规模生产和野生牧草种子的收集主要以手工劳作或小型机具为主，对于机械化的程度要求不高。但对于企业为主进行的专业化生产，其种子田面积可达成千上万亩，规模的增加对于田间管理技术的要求更高，配套的机械设备就不可或缺。在播种、中耕除杂、施肥、灌溉以及收获等环节均需要配置各类配套的机械设备。大规模的种子生产田各管理环节对于时间的要求控制更严格，尤其在种子成熟收获时，必须要在短时间内进行集中作业，否则延迟收获导致成熟种子落粒造成产量损失严重，如果遇雨则影响种子的质量。因此，种子收获的机械化程度决定了企业的管理水平和经济效益。

由于各种牧草或草坪草生物学特性的差异，豆科牧草和禾本科牧草在开花和结实方面明显不同，要求收获机械能够针对种子在植株上的分布位置和成熟规律，将成熟种子都能收起来。康拜因作为种子收获的主力机械，在国内外种子生产企业中用于各种牧草或草坪草种子生产收获。用康拜因收获苜蓿、老芒麦等牧草种子时，需要针对植株果荚、小穗的分布位置和种子结实特性进行相应调整，如康拜因的风量大小、筛板规格等。针对禾草种子集中于植株顶端的特点，有专门的禾草种子收获机，如羊草种子收获机。但对于结缕草、白三叶等植株低矮的种类，机械收获种子困难，常采用手工收获或利用自制的小型机械收获。这种情况下对于企业规模化生产带来严重障碍，限制了种子生产的专业化程度。此外，我国牧草种子的清选加工等关键设备主要是靠进口，这也是限制我国草种业发展的不利条件之一（毛培胜等，2016）。

五、土地的规模和成本

我国草产业的发展过程中，很长时间都是以草原为主要生产利用对象，草原放牧利用和草原植被的改良是工作的重点，而很少开展人工草地的建设，更缺少专业化的种子生产。改良植被所需要的种子常常是通过野生植物种子的收集来满足的，以群众性小规模分散种植和手工采收为我国牧草种子生产的主要形式。进入 21 世纪，人工种植饲草和城市绿化规模的迅速扩大，对于优质草种子的需求难以通过野外收集满足，急需专业化种子生产来补充。但是我国农田和草地实行承包制度后，集中连片大规模的种子田建设受到土地性质影响，呈现破碎化和边缘化等特点，以专业化和集约化为特征的牧草种子生产田规模非常有限。目前，我国专业化种子生产田主要集中在国家投资立项开展的草种繁育基地项目内。我国专业牧草种子田规模小，且种子生产企业需要购买或租用土地，但种子产量低、质量差的问题造成单位面积的比较效益明显低于其他农作物。同时，受土地流转价格的影响，租赁和购买土地推高了种子生产田的土地成本。种子生产企业由于投入资金、单位体制和比较效益等方面的制约，只能选择弃耕地、撂荒地或低产田作为繁种田，增加了生产管理的难度。另外。在农田上生产种子，受土地价格不断上涨的影响，生产成本高的压力也让种子生产者难以承受。再加上生产管理成本高，常导致种子生产企业经济效益差，难以达到设计要求和维持正常的生产经营。

第三节　我国牧草种子专业化生产的技术要求

在牧草种子生产实践过程，包括播种时间、播种量、施肥种类、施肥量、施肥时间、杂草控制、灌溉方式、收获时间和方法等关键环节，一直都是种子生产者所关注的重要管理问题。在适宜的牧草种子生产区域内，各项田间管理技术的推广应用均可使牧草种子产量得到一定程度的提高。我国从 20 世纪 90 年代中期开始对牧草种子生产管理技术进行深入研究，针对苜蓿、白三叶、高羊茅、老芒麦、无芒雀麦、新麦草、结缕草等主要草种开展了田间管理关键技术的试验研究，为国内牧草种子的规模化和规范化、专业化生产奠定了基础。专业化生产能够提高种子质量和种子生产的科技含量，还能提高牧草种子的商品化程度和规模效益。因此，现代草种业的形成，需要种子生产者根据生态、经济、技术条件因地制宜确定种子生产的适宜区域，严格按照牧草种子生产技术规程进行管理，实现牧草种子生产的专业化。

一、密度控制技术

合理的植株密度是获得种子高产的基础，而行距、株距以及播种量是植株密度的决定因素。多年生牧草种子生产最好实行条播，条播行距根据牧草种类、栽培条件而不同，有 15、30、45、60、90、120 cm 的行距。在种子生产实践中，不同草种获得最高种子产量的适宜播种行距有很大的不同，如草地早熟禾为 30 cm，紫羊茅、无芒雀麦和冰草为 60 cm，鸭茅为 90 cm，多花黑麦草的行距以 15～30 cm 为宜，蔺草、高羊茅行距为 30～60 cm 可获得最高种子产量。但播种行距受牧草种类、灌溉方式等因素的影响，播种行距也并非是一成不变的。研究表明，在内蒙古呼和浩特市紫羊茅的最适播量为 7.5 kg/hm²，行距为 30 cm，种子产量平均可达 662.5 kg/hm²（王建光等，1996）。青海省环青海湖地区垂穗披碱草种子田播量与行距的配置为 22.5 kg/hm² 和 30 cm，种子产量最高（郭树栋等，2003）。而在青海省海南地区多叶老芒麦播量与行距的最优配置为 14～21 kg/hm² 和 45 cm 种子产量最高（黎与等，2007）。四川红原川草 2 号老芒麦种子生产中，行距 60 cm 比较适合（陈立坤等，2007；游明鸿等，2011）。在甘肃酒泉、内蒙古通辽和黑龙江绥化进行的无芒雀麦种子生产试验中，种植第 2 年 30 cm 行距的种子产量最高（朱振磊等，2011）。甘肃张掖地区无芒隐子草种子产量在3×10⁵ 株/hm² 的种植密度时达到最高（1 039 kg/hm²），且种子产量不再随密度的增加而增加（邰建辉，2008）。

同样，在苜蓿、三叶草等豆科牧草种子生产中，播种行距也是种子科学研究与生产实践关注的问题之一。在我国西北地区紫花苜蓿的播种行距为 60～90 cm 时，平均种子产量最高。在宁夏灌区紫花苜蓿播种行距 90 cm、株距 35 cm，密度设置为 3 株/m² 可以获得较高的种子产量 1 560 kg/hm²（吴素琴，2003）。在甘肃省酒泉市穴播条件下不同株、行距处理条件下，紫花苜蓿种子生产结果表明，在产种第一年行距和株距对种子产量和产量组分均产生显著的影响，随着行距从 60 cm 递增至 100 cm，种子产量也随之从 1 240 kg/hm² 下降到 982 kg/hm²，而各株距处理的种子产量则从 15 cm 的 1 426 kg/hm² 依次递减至 60 cm 的 807 kg/hm²，行距 60 cm 和株距 15 cm 组合的产量最高，为1 833 kg/hm²，100 cm 行距和株距 60 cm 组合的产量最低，为 753 kg/hm²。株行距的增加显著降低了枝条密度，但结荚花序数/枝条和荚果数/结荚花序却显著提高（王显国等，2006）。获得最高种子产量的株行距也会随着建植年份的推移而发生变化，在甘肃酒泉地区的研究报道指出，行距 60 cm 株距 15 cm 组合在 2004 年获得了最高产量，行距 80 cm 株距 30 cm 组合在 2006 年和 2007 年获得了最高产量；行距 60 cm 株距 30 cm 组合在 2005 年和 2008 年获得了最高产量；行距 60 cm 株距 15 cm 组合获得了最高的 5 年平均产量。从实际种子产量的年际变化来看，60 cm 行距和 15 cm 株距在第 1 和第 2 个收获年具有高产的优势。而中等植株密度处理（80 cm 行距和 30 cm 株距）在收获种子的第 3、第 4 和第 5 年表现出增产的优势（Zhang et al.，2008）。因此，在种子生产播种时采用 80 cm 的行距，适当加大行内植株密度，在第 2 年种子收获后进行行内疏枝，可以实现高产稳产。

二、施肥与灌溉管理技术

在牧草种子生产中，施肥灌溉是保证种子产量和质量的关键技术之一。施肥种类、施肥量、施肥时间以及灌溉时间、灌溉量等环节均是种子生产者和科技人员关注的问题。

（一）施肥技术

氮素是植株和种子生长发育所不可缺少的。豆科牧草在其根瘤形成后对土壤中氮素的需要较少，而对土壤中磷、钾元素的需要量较高。在播种当年、根瘤尚未形成或老化时期，施氮措施对于满足豆科牧草的养分需求也是十分必要的。氮素在禾本科牧草种子生产中是影响种子产量的关键因素之一，其中施氮量对种子产量有着显著的影响。氮肥施入量过高或过低，均会影响植株的生殖生长和种子产量（毛培胜等，2016）。研究实践表明，在我国北方地区牧草种子生产实践中，不同草种的最佳施氮量也不相同。例如，老芒麦为 120 kg N/hm² （贺晓，2004），无芒雀麦为 100~225 kg N/hm² （毛培胜等，2000；孙铁军等 2005），高羊茅为 180 kg N/hm² （马春晖等，2003）。虽然增施氮肥可增加禾草的种子产量，但施肥时间也是改善种子产量的重要因素。在秋季和春季分次施肥对于保持土壤养分平衡，尤其是砂性土壤，提高种子产量效果明显。无芒雀麦种子生产中，春季施 200 kg N/hm² 种子产量最高，但春秋季分施更有利于提高种子产量（毛培胜等，2000）。通常在秋季施用氮肥总量的 1/3，然后在下一年的春季施用氮肥总量的 2/3，可以获得较高的种子产量（毛培胜等，2016）。

在花期或开花之前追施磷肥最有利于种子生产。施磷可以显著增加苜蓿单株花序数、单株粒重，而对单株生殖枝数、每花序荚果数、每荚果种子数、千粒重的影响较小。在甘肃酒泉土壤有效磷 12.47 mg/kg 时，于 2001 年春季采用施磷处理，结果显示当年和第 2 年的种子产量间无显著差异。春施 120 kg P_2O_5/hm² 处理中，2 年种子产量均表现出最高（794.1 kg/hm² 和 822.1 kg/hm²），分别比对照提高 3.6% 和 22.6%。土壤有效磷为 22.10 mg/kg 时，在 360 kg P_2O_5/hm² 施磷处理中，前一年秋季施 1/3，生产当年春季施 2/3，种子产量最高，达 1 523.2 kg/hm²，与对照产量相比，增产 32.1%（王赟文，2003）。在甘肃武威地区不同 N、P、K 肥施用量处理，对甘农 3 号紫花苜蓿种子产量、产量构成因素的影响不同。47 kg N/hm²、120 kg P_2O_5/hm²、30 kg K_2O/hm² 施肥量时，实际种子产量最高，达 1 256.42 kg/hm²。施肥处理提高种子产量主要通过改善籽粒数/荚、荚数/花序和花序数/枝条等因素来实现（田新会，2008）。

施用磷肥也促进禾本科牧草种子产量提高，尤其是土壤含磷量低时。在老芒麦种子生产中施用 120 kg N/hm² 和 90 kg P/hm² 可获得较高的产量（贺晓等，2001）；而在诺丹冰草种子生产中施用 120 kg N/hm² 和 60 kg P/hm² 可获得较高的产量。于晓娜等人提出，在河北坝上地区老芒麦种子产量随着施磷量的增加而逐渐增加，种子产量在施磷量为 60 kg/hm² 时达到最高，比对照提高 9.69%，但继续加大施磷量，种子产量却下降，表现出施肥的负效应，且不同施磷处理间的种子产量差异显著（于晓娜等，2011）。

（二）灌溉技术

灌溉是获得种子高产的关键因素之一，适宜的灌溉量和灌溉时间促进植株开花结实，有利于种子高产。灌溉过量促进植株营养生长，不利于开花结实，降低种子产量；灌溉量不足，水分胁迫造成营养生长和种子发育受到限制，也使种子产量下降（毛培胜等，2016）。

紫花苜蓿适宜在有灌溉条件的干旱或半干旱地区进行种子生产，在植株生长、开花和种子发育期间，应根据土壤水分、植株生长状况和蒸散量等指标进行适时合理灌溉。新疆地区苜蓿在现蕾至初花期、结荚期灌溉（480 mm），苜蓿种子产量最高，为 773.41 kg/hm^2。在各时期均灌溉的对照处理（720 mm）中，有 40% 苜蓿植株出现倒伏，影响授粉和结实，降低种子产量。只在分枝期灌水（240 mm）时，在生长后期苜蓿受到严重水分胁迫，各产量组分均受到影响，导致苜蓿的种子产量最低。另外，凡是在现蕾至初花期灌水的各处理均可形成较高苜蓿种子产量，有利于苜蓿开花、结实集中完成，且明显提高单株花序数、每花序荚果数、单株粒重等指标，说明在现蕾至初花期、结荚期灌水有利于苜蓿生殖生长和提高结实率（李雪锋等，2006）。在甘肃武威地区甘农 3 号紫花苜蓿种子生产试验中，在连续 2 年采用 900 m^3/hm^2 灌水量处理时，种子产量最高（杜文华等，2007）。为改变传统苜蓿制种模式中水资源浪费的现状，在新疆地区把地下滴灌技术应用于苜蓿制种。地下滴灌条件下新牧 2 号苜蓿单株种子产量随灌水量的增加而增加（孟季蒙等，2010）。

灌溉可以延长禾草的生殖生长时间。在宁夏银川地区，高羊茅在返青期、拔节期、抽穗期和灌浆期分别灌溉（每次灌水量为 900 m^3/hm^2）时，种子产量最高（徐荣等，2002）。在甘肃酒泉地区，新麦草也在返青期、拔节期、抽穗期和灌浆期分别灌溉（每次灌水量为 600 m^3/hm^2），收获种子产量最高（张铁军等，2007）。蓝茎冰草在返青期、拔节期、抽穗期、灌浆期、盛花期灌溉可以获得最高的种子产量（徐坤等，2011）。

但在实践当中，宜根据干旱情况、土壤状况和植物生长对水分敏感时期做出科学决策，具体的灌水时间和次数并非固定不变。

三、授粉技术

大多数豆科牧草是自交不亲和的，所以生产种子所必需的异花授粉都要借助于昆虫。为了促进授粉，提高其种子产量，在种子田中配置一定数量的蜂巢或蜂箱是必要的。苜蓿授粉的昆虫有蜜蜂、碱蜂和切叶峰等，碱蜂和切叶峰的授粉效果要高于蜜蜂。切叶蜂对紫花苜蓿有性花柱的打开和传粉起着非常重要的作用。李少南等（1991）将从加拿大引进的切叶蜂在北京地区进行田间试放，放蜂田苜蓿种子增产 69.4%。切叶峰主要从北美地区引进，在国内尚缺少切叶峰的批量生产，且引进切叶峰在孵化、回收等环节技术不过关，群体数量无法保障，需要从国外持续引进。碱蜂主要在美国加利福尼亚州苜蓿种子生产中使用。我国苜蓿种子生产主要依赖蜜蜂完成授粉过程，由于蜜蜂的授粉效率低，导致我国苜蓿种子产量水平难以迅速提高。

臧福君等（1999）认为苜蓿切叶蜂可大幅度提高种子产量，提高程度与放蜂距离有关。增产幅度以距蜂箱 30 m 内时最大，其次为 50 m 和 80 m，距离超过 100 m 外则无作用。并且苜蓿切叶蜂以蜂箱为中心向四周扩散，蜂的扩散及授粉效应随着距离增大而逐渐降低，但扩散及授粉效应在不同方向表现出差异。在新疆地区，新牧 1 号苜蓿放蜂田较对照田种子产量提高 70%（姜春等，2001）。在黑龙江省切叶蜂放养研究表明（刘昭明等，2005），按每亩放蜂 2 000 只，蜂箱间距离 100 m 的放养方式，可增产种子 156 kg/hm^2。在紫花苜蓿种子生产田的不同位置放养 50 000 只/hm^2 的切叶蜂，可获得 665～920 kg/hm^2 的种子产量，而当地平均产量为 200～400 kg/hm^2。在新疆阿拉尔市、阿克苏市等地区调查传粉的野生蜂情况，苜蓿传粉野蜂种类多，其中以棒角拟地蜂、灰无沟隧蜂数量大，传粉效率高，具有一定的经济价值。而且调查发现传粉昆虫数量太少，苜蓿传粉昆虫数量不到 1 500 只/hm^2（毛培胜等，2016）。因此，保证苜蓿在大量开花期间有足够的传粉昆虫数量，是提高种子产量重要技术措施。

四、收获技术

种子收获作为种子生产实践中一项时间性很强的工作，需要事先做好人员、机械、场地等相关组织工作。多年生豆科与禾本科草具有无限花序，开花持续时间较长，且开放的小花与成熟的种子会同时在植株上出现，种子发育的不一致性将导致无法同时将成熟种子全部收获，限制了种子产量的提高。另外，在收获时将不同成熟度的种子混杂一起，不仅增加了清选种子的工作难度，而且成熟度差的种子也影响种子批的质量。

　　牧草或草坪草的开花特性和种子发育特点要求严格控制种子的收获时间和方法。适时收获可减少种子损失，过早收获降低种子的活力，收获太晚则造成种子的落粒损失，常用种子含水量和盛花期后天数作为确定收获时间的指标。对于大多数牧草或草坪草，当种子含水量达到 $35\%\sim45\%$ 时便可收获。西藏垂穗披碱草种子含水量下降到 $36.6\%\sim42.0\%$ 时收获可以获得最高种子产量，河北坝上地区老芒麦在种子含水量为 $39.0\%\sim45.6\%$ 时收获可以获得较高产量。另外，不同地区不同种类牧草种子在盛花期后 $23\sim34$ d 可以收获，在河北坝上地区无芒雀麦种子适宜收获时间为盛花期后 29 d，老芒麦种子的适宜收获时间为盛花期后 26 d 或 27 d。苜蓿种子收获时间常根据荚果颜色的变化来确定，当 70%以上荚果颜色变为褐色时可以进行收获（毛培胜，2011）。

　　收获机械的选择和收获方法直接关系到种子收获损失率，影响种子产量和质量。当前我国苜蓿、老芒麦、多花黑麦草、高丹草、羊草等主要牧草种子收获均采用联合收割机（康拜因）直接收获的方法。虽然直接收获方法具有收获速度快，短时期内可以完成种子的收获，而且康拜因具有脱粒和初筛的效果，节省劳力，但由于牧草种子细小、在植株上的位置分散，对于收获机械的要求特殊。采用康拜因进行收获时需要针对不同牧草种子的生长特性和外形参数，调整确定收获机械适宜的风速、风量以及滚筒、筛板等参数，否则种子收获损失严重，难以将成熟种子收获起来。

五、牧草种子的清选加工技术

　　新收获的牧草种子中常常混杂一些植株碎片、秤壳、土块、砂石、虫尸、鼠虫粪便等杂质，还有一些不能作播种材料的其他种子，如杂草种子、无种胚的种子、压碎压扁的种子、发了芽的种子、病害种子等。这些混杂物的存在，严重影响收获种子的质量。牧草种子的清选是在尽可能减少净种子损失的前提下，从所获的种子中分离出质量高的饱满种

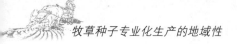

子，除去种子中的混杂物。

种子清选通常是利用牧草种子与混杂物物理特性的差异，通过专门的机械设备来完成。清选设备的规格型号繁多，常以风选、筛选、比重选、窝眼选等机械为主。如风筛清选法是根据牧草种子与混合物在大小、外形和密度上的不同进行清选；比重清选法是按种子与混杂物的密度和比重差异来清选种子；窝眼清选法是根据种子与混杂物的长度不同进行清选；表面特征清选是根据种子和混合物表面特征的差异进行种子清选。在清选过程中，需要根据种子表面特征和混杂情况确定具体的清选流程，将各种清选方法合理组合，达到清选所要求的质量目标。清选工作的顺利进行也需要掌握各种清选方法和设备使用的专业技术人员。

有些种子具有芒、绒毛等附属物，如部分禾草颖果带有长芒，以老芒麦、针茅等为代表，长芒相互纠缠聚结，影响了种子的流动性，直接播种不易通过播种机的输种管。采用去芒处理就可以消除这些不利影响，方便播种和保存。另外，在种子加工处理中常采用种子包衣技术，在种子表面包被一层物质，可以增加种子的重量、使种子形状均匀，也可以添加一些营养物质改善土壤养分，添加保水剂、根瘤菌剂改善土壤微环境，这些种子加工处理措施对于促进种子田间出苗、提高种子商业价值具有重要作用。

经过加工的牧草种子，为方便贮藏和种子贸易，应按照有关质量标准进行分级，分级后的牧草种子可根据等级选择包装方式。目前牧草种子包装一般用聚乙烯材料、棉布、纸等包装，包装材料一般应防潮隔湿，避免种子吸湿而影响保存时间和活力。

六、牧草种子的贮藏技术

专业化的牧草种子生产企业常忽视收获种子的合理贮藏，不考虑仓储设备和条件的投入，在种子贮藏过程中堆放随意、贮藏温湿度缺少监控的现象较为普遍。种子从收获到播种或长或短都需要一段时间进行贮藏，尽管牧草种子由于存在休眠或硬实特性，通过贮藏可以打破休眠促进种子萌发，但贮藏过程中过高的温湿度环境将导致种子生活力迅速丧失，导致种用价值下降和经济损失增加。因此，牧草种子生产企业应重视种子的科学贮藏，尤其是在高温多雨的地区需建设具有通风、除湿等功能的贮藏库。在干旱地区的种子贮藏库也要保证通风畅通、合理堆垛存放，避免堆放种子温度的升高。

种子贮藏期间其活力与环境温度、湿度以及种子含水量关系密切。研究表明：在 $0\sim50\,℃$ 内，种子贮藏环境温度每降低 $5\,℃$，种子寿命就加倍；种子含水量在 $5\%\sim14\%$ 内，每减少 2.5% 的含水量，种子寿命就加倍（Harrington，1973）。贮藏期间的空气相对湿度对种子寿命也有很大影响，将发芽率相同的黑麦草种子（均为 95.5%）分别装于塑料袋和麻布袋中，置于相对湿度为 50% 的空间贮藏，6 年后，密封贮藏（塑料袋）的种子发芽率为 84%，而置于相对湿度为 50%（麻布袋）贮藏的种子发芽率为 36%（Lewis et al.，1998）。因此，正确控制空气湿度和种子含水量，并保持一定的低温，是贮存好牧草种子的先决条件。

牧草种子贮藏库要合理配置通风、降温和除湿设备。在开放式贮藏库中要考虑通风、防鼠防虫设计，对于密封贮藏库则要采用降温除湿措施，以调节温度和湿度，满足种子贮存所需要的低温和低湿条件，可保持牧草种子较高的生活力和延长种子的寿命。

牧草种子专业化生产的未来发展还是一个长期的探索过程，不可能一蹴而就，在将来的发展中需要重点发挥企业的优势，尤其是围绕草种龙头企业制定种子生产的激励和优惠政策。为扶持草种龙头企业的发展壮大，从根本上解决土地分散、机械化水平低等的限制问题，在企业税收、贷款、保险等方面提供优惠和便利；着重推荐"公司＋农户＋科研＋基地"的生产模式，以企业为主导，以科技为支撑、以市场为导向、以农户为基础、以科研为保障、以基地为示范，走企业、科研院所、育种家与农户共同发展的道路，实现种子生产的规模化、专业化，提高种子生产者的经济效益。

第三章　牧草种子生产的地域性原则

随着牧草种子生产的田间管理技术水平不断提高，播种、施肥、灌溉、喷药等逐渐机械化、精准化、专业化，地域差异成了限制牧草种子生产的关键因素。牧草种子生产与干草生产对地域的要求有所不同，不仅要考虑营养生长阶段对气候、土壤的要求，还应考虑植株生殖阶段对环境的特殊要求，例如需要考虑不同草种或品种开花时期对日照长度的要求，不同草种或品种结实时期对降水条件的要求等。部分农业发达国家已经实现了牧草种子生产专业化，总结他们对牧草种子生产区域选择的成功经验，了解他们进行牧草种子生产的地域性变化与实践，有利于更深入理解牧草种子生产地域性原则。同时了解我国牧草种子生产的发展历程和全国各地区牧草种子生产现状，对我国牧草种子专业化生产地域性的要求及确立有重要的实践意义。

第一节　国外牧草种子专业化生产的地域性变化与实践

世界上，北美地区、欧洲和澳洲等地区生产了几乎所有在市场上销售的温带牧草与草坪草种子。据统计（Wong，2005），2003 年全球禾本科和豆科牧草种子生产量为 64.68 万 t，其中种子生产量最高的是美国，为 41.89 万 t，其次是欧洲 15 国，生产量为 14.95 万 t，然后是加拿大的 4.85 万 t 和新西兰的 2.98 万 t。按照种类划分，禾草种子生产量最高的是黑麦草（多年生和一年生各占一半），其次是高羊茅和紫羊茅；豆科牧草种子生产量较禾草少，仅占总产量的 12%，其中紫花苜蓿的种子生产量居于前列（表 3 - 1）。到 2012 年，全球牧草种子生产量较 10 年前增长近 50%，达到 91 万 t（International Seed Federation，

2012）。而牧草种子生产田主要分布在北美、欧洲地区，其中美国有75.9 万 hm²牧草种子生产田，欧洲 10 国有 62.34 万 hm²，加拿大有13.14 万 hm²（Wong，2013；Wong，2015）。在全球牧草种子产量水平不断提高的过程中，种子生产的特殊性日益明显，种子生产地域化的形成体现了种子专业化生产的必然要求，满足植株生长、开花传粉以及收获所需要的气候条件是实现牧草种子高产的前提。在世界各大洲的牧草种子生产实践表明，种子产量水平与种植区域的气候条件关系密切。

表 3-1　2003 年世界禾本科牧草和豆科牧草种子产量

禾本科草种 名称	种子产量 （t）	豆科草种 名称	种子产量 （t）
多年生黑麦草	185 352	苜蓿	47 416
多花黑麦草	171 849	箭筈豌豆	16 197
高羊茅	123 869	红三叶	10 614
紫羊茅	80 000	白三叶	15 019
草地早熟禾	42 361	埃及三叶草	2 150
鸭茅	15 093	绛三叶	1 683
猫尾草	13 000	总生产量	97 853
杂交黑麦草	7 270		
无芒雀麦	6 000		
细叶型羊茅	4 949		
草地羊茅	4 864		
剪股颖	4 757		
其他	20 000		
总生产量	679 364		

资料来源：Wong，2005。

一、北美种子生产区

北美种子生产区主要包括美国西北部各州和加拿大西南部各省。当欧洲人移居美国时，他们就携带着从欧洲放牧草原和割草地收获的牧草种子，以供播种，为家畜提供饲喂牧草。但随着农场主和农场工人向西部迁移，过度放牧造成草原植被退化、地表裸露和表层土壤的大量流失。尤其是 20 世纪 30 年代风沙侵蚀的发生，更多人意识到保护草原的重要性，草原改良也需要大量优质牧草种子，明尼苏达州等中部各州以及太平洋西北部地区的华盛顿、俄勒冈和爱达荷州相继成为重要的牧草种子生产区域。而在这之前，牧草种子主要采自爱荷华州、密苏里州、南达科他州和内布拉斯加州的天然草地。

俄勒冈州是世界上主要的冷季型牧草及草坪草种子生产区，也是世界公认的牧草种子专业化生产中心。俄勒冈州有近 1 500 家农场进行牧草种子生产，其中多数种子田都位于有"世界草籽之都"之称的威拉梅特谷地，种子生产量占美国温带牧草种子的 2/3。但这种情况也并非早就如此，从 20 世纪 20 年代开始，黑麦草由于能够很好地适应当地的湿润土壤，成为威拉梅特谷地的重要作物之一。自 1940 年起，美国国内外种子公司在威拉梅特谷地纷纷成立。2010 年俄勒冈州的牧草种子生产量超过 26.9 万 t，种子田面积近 40 万 hm²，其中 90% 位于威拉梅特谷地，占威拉梅特谷地总面积的近 1/4 和耕地的 40%；生产 8 个不同种类超过 950 个品种的种子，主要种类为多花黑麦草、多年生黑麦草、剪股颖、细羊茅、草地早熟禾、鸭茅和高羊茅等。据美国农业调查结果（Wong，2015），1987—2007 年俄勒冈州牧草种子生产田年平均面积为 49.19 万 hm²，居全国榜首（表 3-2）。2012 年美国种子产量最高的禾本科和豆科草种分别为多花黑麦草和紫花苜蓿，在俄勒冈州和加利福尼亚州的农场数和生产面积最多（表 3-3）。

表 3-2　美国禾草和豆科牧草种子田面积

单位：hm²

年份 州	1987	1992	1997	2002	2007	2012	1987—2007 年 平均面积
俄勒冈州	402 154	432 378	522 711	545 519	556 876	420 767	491 928
密苏里州	325 003	187 044	316 743	355 850	176 138	76 749	272 156
加利福尼亚州	91 145	69 712	73 152	67 838	68 948	71 921	74 159
华盛顿州	80 728	63 570	71 993	81 548	81 081	44 173	75 784
爱达荷州	99 067	77 598	81 635	94 130	70 933	32 111	84 673

（续）

年份 州	1987	1992	1997	2002	2007	2012	1987—2007 年 平均面积
明尼苏达州	72 637	34 019	26 837	41 844	43 585	24 550	43 784
亚利桑那州	8 872	8 267	6 223	7 678	19 275	12 988	10 063
蒙大拿州	90 238	18 101	22 346	22 086	31 008	11 869	36 756
总面积	1 725 279	1 093 389	1 326 478	1 422 133	1 177 100	758 994	1 348 876

资料来源：Wong，2015。

表 3-3　2012 年美国禾本科和豆科草种子生产田在各州的面积以及产量情况

州　名	禾本科草种名称	农场数	面积（hm²）	产量（t）
俄勒冈州	黑麦草属	585	227 975	181 837
明尼苏达州	黑麦草属	38	13 155	4 164
华盛顿州	黑麦草属	23	1 494	821
德克萨斯州	黑麦草属	16	178	59
全国	黑麦草属	700	244 660	187 103
密苏里州	羊茅属	686	74 044	6 970
俄勒冈州	羊茅属	537	131 983	90 842
华盛顿州	羊茅属	27	5 052	4 063
全国	羊茅属	1 354	213 798	102 347
华盛顿州	草地早熟禾	96	24 254	7 561
爱达荷州	草地早熟禾	76	20 323	4 016
俄勒冈州	草地早熟禾	54	12 641	8 089
全国	草地早熟禾	240	57 218	19 666
俄勒冈州	鸭茅	58	12 917	4 689
全国	鸭茅	68	12 917	4 704
堪萨斯州	雀麦属	33	1 752	151
内布拉斯加州	雀麦属	7	192	22
全国	雀麦属	60	2 412	231
纽约	猫尾草	18	479	32
宾夕法尼亚州	猫尾草	10	-	-
全国	猫尾草	41	1 581	32
加利福尼亚州	紫花苜蓿	144	39 927	11 198
华盛顿州	紫花苜蓿	55	11 485	4 666
爱达荷州	紫花苜蓿	59	6 704	3 107
怀俄明州	紫花苜蓿	38	6 763	1 938

（续）

州　　名	禾本科草种名称	农场数	面积（hm²）	产量（t）
俄勒冈州	紫花苜蓿	28	4 216	1 547
内华达州	紫花苜蓿	15	-	1 484
蒙大拿州	紫花苜蓿	65	6 277	928
全国	紫花苜蓿	569	85 058	25 613
俄勒冈州	红三叶	148	12 847	3 813
密苏里州	红三叶	33	1 197	46
俄亥俄州	红三叶	24	318	19
全国	红三叶	300	16 396	4 139
俄勒冈州	白三叶	26	4 672	960
全国	白三叶	35	4 968	1 008
俄勒冈州	绛三叶	105	5 463	2 024
全国	绛三叶	125	5 463	2 033

注：-，无数据。

资料来源：Wong，2015。

除了俄勒冈州，位于美国西北部的爱达荷州、华盛顿州以及蒙大拿州也适合进行种子生产，该区域面积 6 000 万 hm²，境内地貌单元主要为山地、丘陵与相间的盆地，来自太平洋西岸的暖流是该区域降雨的主要来源。由于该区域地理跨度大，其间又有南北走向的喀斯喀特高山阻隔（最高峰海拔 3 150 m），所以年降水的空间分布不同，区域内变化很大。根据美国气象部 1951—1980 年的统计资料，俄勒冈州威拉梅特谷地尤金地区的年降水量可达 1 169.4 mm；而爱达荷州南部的博伊西地区只有 297.4 mm；哥伦比亚盆地华盛顿州为 405.3 mm。三个地区的年平均气温分别为 11.4 ℃、10.6 ℃ 和 12.3 ℃，1 月平均气温分别为 4.5 ℃、1.2 ℃ 和 1.3 ℃，8 月平均温度分别为 19.0 ℃、22.2 ℃ 和 22.8 ℃。降雨分布主要集中在春、秋、冬三季，夏季高温少雨是其气候条件的主要特征，这为喜温、耐寒的冷季型牧草种子生产提供了优越的自然条件，干燥的收获季节是美国西部牧草种子生产成功的最大原因。世界上冷季型草坪草及牧草商品种子的 50% 产于美国爱达荷州、华盛顿州和俄勒冈州，而大多数暖季型草坪用种则来自于亚利桑那州、加利福尼亚州和佐治亚州。

　　加拿大也是主要的牧草种子生产国。2015 年加拿大草种生产区共 7.01 万 hm²，其中包括紫花苜蓿种子生产区 2.83 万 hm²，猫尾草 1.77 万 hm²，黑麦草（主要为多年生黑麦草）1.01 万 hm² 以及其他牧草生产区，如雀麦属、三叶草属、羊茅属和冰草等（Wong，2016）。牧草种子生产区主要分布在加拿大西南部地区，包括亚伯达（2.83 万 hm²）、马尼托巴湖（2.69 万 hm²）以及萨斯喀彻温省（1.32 万 hm²）。亚伯达、马尼托巴湖以及萨斯喀彻温省三省合称为加拿大大草原，该区域最大的特征就是干旱，大部分区域为半干旱气候，土壤为棕壤；小部分区域为大陆性气候，土壤为黑棕以及黑壤。半干旱气候区域的年降水量为 300～380 mm，大陆性气候区域的年降水量为 410～510 mm（图 3-1）。70%～80% 的降水是依赖于降雨，6—7 月份降水量占到全年的 20%～35%，占生长季的 42%～54%。加拿大大草原的年平均最低和最高气温分别为 -4.1 和 8.1 ℃，夏季温度为 22～28 ℃（McGinn et al.，2003）。受大陆气团的影响，天空晴朗，大草原是加拿大阳光最为充足的区域。南部草原年平均日照时数超过 2 400 h，而加拿大其他区域仅为 1 200～2 000 h。通常一年中有 312～322 d 有日照，日照时间最长的月份是 7 月。

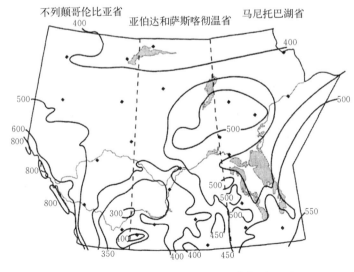

图 3-1　加拿大大草原年平均降水量（mm）分布图（Wheaton，1998）

二、欧洲种子生产区

过去的 30 年间，欧洲人的肉食消费逐渐由牛羊肉转向猪肉，单胃家畜饲料需求量增加，导致了玉米和其他一年生作物种植面积的增加，草地面积明显下降。到 2007 年，永久性草地和短期草地面积分别占可利用农业面积的 33%（5 700 万 hm²）和 6%（1 000 万 hm²）。这些草地可提供 7 800 万家畜单位的饲草，由 540 万牧场主管理，他们占全欧洲所有农场主人数的 40%（Christian et al.，2014）。早在 16 世纪，欧洲西北部的农场主就开始使用多年生黑麦草和红三叶混播来改善闲置土地的土壤肥力，特别是在比利时和英国。18 世纪大部分牧草种子都是采集于草地。18 世纪末期，用于草坪建设的多年生黑麦草种子开始在英国广泛生产。直到 1919 年，Stapleton 和 Jenkin 在英格兰开始从事多年生黑麦草育种，系统性的牧草和草坪草育种工作才开始，同时也促进了草种业的发展。牧草种子质量控制和认证的程序首先在瑞士开始发展应用，以确保牧草种子的纯度和质量。

欧洲是世界上第二大草种生产区，从 1997—2007 年欧洲牧草种子产量变化可看出，牧草种子产量较为稳定，并且禾本科牧草种子产量远远高于豆科牧草，占欧洲牧草总产量的 90% 以上（图 3 - 2）。欧洲生产的禾草种子中，多年生黑麦草种子的产量占到总产量的 47%，多花黑麦草次之，再次为草地早熟禾。尽管高羊茅和鸭茅非常适应欧洲的气候条件，但种子产量仍旧较低。豆科牧草中，苜蓿的种子产量最高，欧洲的环境条件和地理特征都适合苜蓿种子生产，并且有大量田间野蜂能够帮助苜蓿完成授粉促进结实。据欧洲种子认证代理协会统计，大部分牧草种子流通于欧洲各国间的市场，特别是禾草种子，2007—2009 年每年平均产量为 20.67 万 t，出口量仅 1.44 万 t，另外仍需进口 3.45 万 t。豆科牧草种子每年的平均产量为 2.77 万 t，出口量和进口量分别为 0.6 万 t 和 1.12 万 t，欧洲的牧草种子生产量还不能满足自己需求。

自 2012 年起欧洲牧草种子生产田面积持续增加，2015 年总面积达到 38.41 万 hm²，禾草种子田面积为 18.85 万 hm²，其中黑麦草属和羊

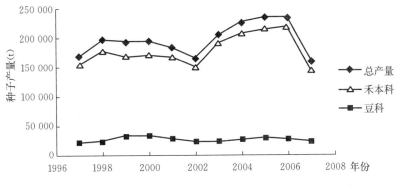

图 3-2　1997—2007 年欧洲禾本科和豆科牧草种子产量变化

茅属占主导地位，种子田面积分别为 10.61 和 4.59 万 hm²（ESCAA，2016）。丹麦是欧洲最大的禾草种子生产国，2015 年种子田的面积为 7.09 万 hm²，占欧洲禾草种子田面积的 38%；其次为德国，种子田面积 2.42 万 hm²；再次为波兰和荷兰，分别有种子田 1.49 万和 1.33 万 hm²。豆科牧草种子生产田面积为 12.94 万 hm²，其中紫花苜蓿为 7.51 万 hm²（占 44%）、红三叶为 2.35 万 hm²（占 22%）、埃及三叶草为 1.47 万 hm²（占 16%）。欧洲各国生产的牧草和草坪草种类、面积都有很大的差别。意大利是紫花苜蓿和埃及三叶草的主要生产国，其中紫花苜蓿种子生产田面积达到欧洲种子田面积的 50%，埃及三叶草种子田面积为 1.45 万 hm²；而西班牙紫花苜蓿种子田面积占 18%、法国占 17%。丹麦是白三叶种子的主要生产国，种子生产田面积为 9.34 万 hm²，面积占到欧洲的 71%。法国和捷克是红三叶种子的主要生产国，种子生产田面积分别为 0.551 万 hm² 和 0.546 万 hm²，还有在瑞典、波兰和德国都有一定的面积，依次为 0.29 万 hm²、0.27 万 hm² 和 0.25 万 hm²。另外，以野豌豆为主的大粒豆科牧草种子生产，在欧洲的种子田面积为 2.98 万 hm²，主要种子生产国为西班牙，占比 66%。

欧洲的气候条件对于牧草种子生产区域的分布作用明显，北欧和西欧为海洋性气候，温暖湿润的冬季有利于草本植物的营养生长。欧洲东部盛行大陆性气候，冬季严寒、夏季高温，水分是草本植物生长的限制因子。欧洲南部的地中海气候形成了炎热干燥的夏季和温暖湿润的冬季，大部分的种子生产田分布在欧洲的南部国家以及北欧的丹麦。欧洲的季风出现在冬季，会在春季减轻，6 月份又会重现，季风带来的雨季出现在 6 月。季风影响欧洲北大西洋海岸线的国家，如爱尔兰、英国、比利时、荷兰、卢森堡、德国西部、法国北部以及北欧的部分国家。

丹麦作为欧洲最大的禾草和白三叶种子生产国，其气候条件非常有利于专业化的种子生产。丹麦处在欧洲三个气候区域的中间，其气候特征混杂了三种气候特征，西部为海洋性气候，东部为大陆性气候。1961—1990 年平均年降水量为 712 mm，降水情况随年际和区域不同而变化，雨水最多的是日德兰半岛的中部，年均降水量超过 900 mm。丹麦年均日照时间为 1 495 h，日德兰半岛的中部为 1 350 h。丹麦的夏季一般为 5—8 月，盛夏时白天温度稍稍高于 20 ℃，对多年生黑麦草的生长十分有利，所以多数生产多年生黑麦草种子的农场分布在日德兰半岛。尽管丹麦面积不大，由于气候、土壤等因素的差异分为两个部分，西部有很多的奶农，土壤贫瘠，多雨；东部多耕地，土壤肥沃，少雨。西部的日德兰半岛尽管多雨，但土壤为沙壤土，保水能力不足，需要灌溉设施。气候及土壤条件更优的东部地区是多数白三叶种子生产农场聚集在此（Boelt，2000）。近二十年来丹麦的禾草种子田面积呈现逐渐上升的变化趋势（表 3 - 4），其中在丹麦草种生产中占据主导地位的是多年生黑麦草，2006—2015 年丹麦多年生黑麦草种子田的平均面积为 3.16 万 hm²。在丹麦生产牧草种子的农场分布在各地，东部的西兰岛面积较大（图 3 - 3）。多年生黑麦草生殖生长过程中，生殖枝数量在 18～24 ℃环境条件下达到最佳，高温条件尤其是夜间高温将会降低生殖枝的数量，导致种子产量减少。

表 3 - 4　丹麦禾草种子生产田面积及生产量

年份	1990	1995	2000	2005	2010	2015
面积（hm²）	49 700	58 200	74 300	84 800	57 000	60 700
生产量（t）	49 741	75 786	85 641	106 898	76 349	92 802

资料来源：Statistics Denmark，2017。

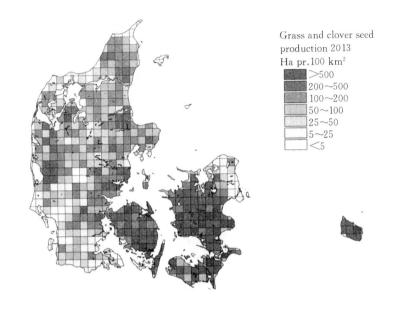

图 3-3 丹麦禾草和三叶草种子田分布情况

注：由丹麦奥胡斯大学 Inge T. Kristensen 提供。

三、澳洲种子生产区

新西兰和澳大利亚的草地畜牧业十分发达，也是重要的牧草种子生产地区。新西兰的牧草种子贸易始于 19 世纪初对黑麦草种子的进口，因为多年生黑麦草在新西兰适应性较好，在家畜饲养当中能够提供比当地草种更好的营养价值，带动了对多年生黑麦牧草种子的需求，推动了种子生产规模的不断增加和草种业的发展。新西兰种子生产从 19 世纪中叶开始，在班克斯半岛进行鸭茅种子的生产，一直持续到 20 世纪 30年代（Wood，2014）。由于牧草种子生产机械化程度的不断提高，种子生产田由班克斯半岛向坎特伯雷平原逐渐转移。2015 年黑麦草和白三叶种子的出口值分别为 5 600 万和 2 500 万美元，二者总值占新西兰种植业总出口值的 34.6%（MPI，2015）。新西兰南岛（坎特伯雷和北奥塔哥）干旱区分布着 2.5 万～4.6 万 hm² 的专业牧草种子生产田，占新西兰牧草总生产面积的 80% 以上。国际种子联盟 2003 年对全球牧草种子产量的统计表明，新西兰的牧草种子产量为 2.98 万 t，位居第四位，其中禾草种子 2.55 万 t，主要包括多年生黑麦草（1.2 万 t）、多花黑麦草（0.4 万 t）及杂交黑麦草（0.2 万 t）；豆科牧草种子 0.426 万 t，主要为白三叶（0.4 万 t）。在种子认证方面，2004—2014 年平均每年通过认证的多年生黑麦草种子田面积为 1.8 万 hm²，白三叶为 0.77 万 hm²（Chynoweth et al.，2015）。新西兰南岛的这片区域属于温带海洋性气候，但受南阿尔卑斯山的影响较大，温暖的西北风造成了独特的气候特点，年降水量约为 635 mm，年日照时间为 2 000 h，夏季 1 月份最高气温为 22.5 ℃，冬季 7 月份的最高气温为 11.3 ℃。

澳大利亚是紫花苜蓿种子生产的主要地区，2001—2004 年澳大利亚通过认证的牧草种子生产面积平均为 2.14 万 hm²，平均种子生产量为 0.90 万 t，其中紫花苜蓿种子田面积 1.44 万 hm²，种子生产量 0.59 万 t；三叶草种子田面积 0.25 万 hm²，种子生产量 0.12 万 t；藜草种子田面积 0.05 万 hm²，种子生产量 0.02 万 t，还有少量的鸭茅、高羊茅以及野豌豆种子。根据澳大利亚种子局统计，2005—2008 年紫花苜蓿种子田面积较为稳定，2007 年由于干旱，导致认证种子田面积突然下降（表 3-5）。2015 年澳大利亚出口紫花苜蓿种子超过 1.36 万 t 至全球 33 个国家。在紫花苜蓿种子生产中，有 83% 的种子产自南澳大利亚州的 Keith、Naracoorte、Tintinara 和 Bordertown 地区，并且紫花苜蓿种子生产收入也是该地区主要的经济来源，有 1.6 万 hm²（包括灌溉区和旱作区）种子生产田。其余紫花苜蓿种子产自新南威尔士州、维多利亚州以及西澳大利亚州（RIRDC，2008）。南澳大利亚州作为紫花苜蓿种子生产的主要区域，属于海洋性气候，位于南澳大利亚的东南地区，年均降水量约为 500 mm，夏季 1 月份最高温为 29.6 ℃，冬季 7 月份最高温为 14.3 ℃，最低温为 7 ℃。该区域土壤属于盐碱化的旱地，有配套的灌溉设备满足紫花苜蓿种子生产的需求。

表 3-5 2005—2008 年澳大利亚紫花苜蓿种子生产田面积

单位：hm²

年份	2005	2006	2007	2008
认证苜蓿种子田面积	22 828	25 730	15 593	20 708
总种子田面积	26 134	27 959	24 576	28 194

资料来源：RIRDC，2008.

四、南美种子生产区

阿根廷主要种子生产区位于其北部地区，由于受频繁降雨影响，种子田收获技术是影响种子产量和质量的关键因素。随着技术进步，其种子产量水平相比于 20 年前有了明显提高：如高羊茅种子产量由 $180\sim400\ kg/hm^2$ 增加到现在的 $400\sim900\ kg/hm^2$，多年生黑麦草由 $300\sim500\ kg/hm^2$ 增加到 $450\sim1\,500\ kg/hm^2$，紫花苜蓿由 $150\sim200\ kg/hm^2$ 增加到 $250\sim400\ kg/hm^2$，白三叶由 $150\sim250\ kg/hm^2$ 增加到 $300\sim500\ kg/hm^2$。目前每年生产 0.1 万 t 多年生黑麦草、多花黑麦草、高羊茅和鸭茅种子，0.36 万 t 无芒雀麦种子和 0.15 万 t 紫花苜蓿种子。2016 年阿根廷的种子产量达到 2 万 t。

阿根廷是全球主要的牧草种子贸易国之一，但国内生产的草种无法满足农业用地扩张带来的需求。阿根廷 2016 年牧草种子的消费量为 2.02 万 t，其中多年生黑麦草、高羊茅、鸭茅等禾草种子 1.3 万 t，紫花苜蓿、百脉根、白三叶等豆科牧草种子 0.72 万 t。过去 20 年，阿根廷平均每年消费种子 2.23 万 t，在市场供应的种子中，国产种子所占份额逐年增加，由 2000 年的 42% 提高到 2016 年的 78%，进口种子则由 58% 下降到 22%。2017 年进口种子 6 309 t，以紫花苜蓿、高羊茅、多年生黑麦草和多花黑麦草为主；出口种子 10 207 t，以多花黑麦草、多年生黑麦草和白三叶为主，50% 种子出口到欧洲，21% 种子出口到巴西，13% 种子出口到中国。

南美洲中部的乌拉圭，属于亚热带向温带过渡的气候，四季明显，夏季蒸散量大于降水量导致其具有半干旱的气候特征。北部和南部的年蒸散量分别为 1 200 mm 和 1 000 mm，最高在 12 月和 1 月，最低在 6 月。最强降雨出现在夏秋季节，降雨具有不规律性，对牧草种子生产极为不利。乌拉圭禾草种子生产主要是饲草生产的副产物，生产技术缺乏，市场不规范，可供选择种植的品种有限，最终导致生产能力不足。牧草种子生产和收获技术水平低，种子生产水平有待于进一步提高。

五、亚洲和非洲种子生产区

亚洲和非洲是全球农业发展历史最为长久的地区，但牧草种子产业化的发展整体水平较为落后。随着社会经济的发展和环境意识的增强，这两大洲孕育着巨大的市场潜力和发展空间，形成了对草坪草和牧草种子的巨大需求。在撒哈拉沙漠以南的非洲国家中，肯尼亚有小面积的禾草种子生产，津巴布韦生产少量的豆科牧草种子。亚洲的泰国、老挝、马来西亚、菲律宾、印尼以及中国都有小面积的牧草种子生产田。在中国，随着生态修复项目的开展，畜牧产业的推进，城市美化意识的增强，干草和牧草种子市场在中国逐步扩大，刺激和推动着牧草种子生产区面积不断增大，牧草种子产量和质量不断提高。

第二节　我国牧草种子专业化生产的地域性要求

一、我国牧草种子专业化生产发展

我国政府非常重视牧草种子的生产，在 1949 年后开展农业三级良种繁育体系建设的过程中，采取以县良种场为骨干，公社良种队为桥梁，生产队种子田为基础，并且在国内各省（市、区）投资建设了 20 多个草籽繁殖场，为牧草种子专业化生产进行了有益探索并积累了大量实践经验。到 20 世纪 70 年代，国家实施种子生产专业化、加工机械化、质量标准化和品种布局区域化，进入以县为单位统一组织供种的"四化一供"阶段。各级政府采取的各项措施，对于促进新品种的使用和推广，提高优良品种种子的专业化生产程度发挥了积极作用。在全国开展退化草原改良、天然草原植被恢复以及人工饲草基地建设，供应优良牧草种子，种业的生产水平和市场贸易规模迅速增长。

到 20 世纪 80 年代，我国草种产业有了较快发展，1989 年我国有兼用牧草种子田 33 万 hm^2，年产牧草种 2.5 万 t（毛培胜等，2016）。进入 21 世纪，国家通过国债投资、农业综合开发项目加强牧草种子生产基地的建设，在机械设备、质量检测等相关配套设施方面大力提升专业化种子生产田装备配套水平。政府相继启动了退耕还林还草工程、退牧还草工程、京津风沙源工程等重要生态建设工程。2012年启动振兴奶业苜蓿发展行动，实施"高产优质苜蓿片区建设项目"。2015年中央1号文件提出加快发展草牧业，实施"草牧业试点"，"粮改饲试点"。此后，在2016年和2017年的中央1号文件中均提出粮改饲的要求，发展青贮玉米、苜蓿等优质饲草，大力培育现代饲草料产业体系。各项工程项目的实施对于各类优质牧草种子的需求急剧上升，草种业的发展迎来了难得历史机遇，也面临着更加严峻的市场挑战。

据全国畜牧业总站统计，我国种子生产田面积较大的主要为紫花苜蓿、羊草、柠条、披碱草、燕麦以及沙打旺（表3-6）。其中，种植面积较大的省份（区）为甘肃省、内蒙古、四川省以及青海省。甘肃省为紫花苜蓿种子的主要生产区，内蒙古紫花苜蓿、燕麦以及沙打旺种子田面积较大，四川省主要生产毛苕子、老芒麦、多年生黑麦草、多花黑麦草以及鸭茅种子，青海省主要为燕麦和披碱草种子的生产区域。

二、我国牧草种子专业化生产区域的变化

由于对牧草种子生产适宜区域的认识不足，1949年之后建立的20多个牧草种子繁育场选址不合理，所生产牧草种子的质量和产量受限，最终导致保留下的繁育场不多。历经60余年的发展演变，我国牧草种子由在各省份散生产逐渐向西北各省集中，种子生产区域性、专业化特色日渐突出。2011年的调查统计显示，进行牧草种子生产的主要区域同2001—2009年统计结果相同，为甘肃省、内蒙古、四川省以及青海省（表3-7），其中紫花苜蓿种子生产田的面积最大，为5.47万 hm^2，其次为披碱草、燕麦、沙打旺、羊草等（表3-8）。甘肃省地处我国西北部，有1 780万 hm^2 的天然草原，占全省面积的39.4%。20世纪80年代中期，响应国家"种草种树，发展畜牧"的号召，全省人工草地面积以每年20万~27万 hm^2 的速度增加，1987年达到80万 hm^2，居全国之首（甘肃省畜牧厅，1991）。2007年，甘肃省人工草地保留面积为113.5万 hm^2，仅次于内蒙古，位列全国第二（师尚礼，2010），豆科

牧草种植面积为 75.8 万 hm^2，其中紫花苜蓿种植面积占 70%，占全国的三分之一，禾本科草种植面积为 14 万 hm^2。人工草地种植规模的迅速增加推动了草种业的迅速发展。

表 3-6 2001—2009 年全国不同省（区）主要牧草种子田面积

单位：hm^2

牧草名称	省(区)	2001 年	2002 年	2003 年	2004 年	2005 年	2006 年	2007 年	2008 年	2009 年
紫花苜蓿	甘肃	68 667	73 333	76 933	77 933	79 400	75 333	75 333	75 333	70 200
	内蒙古	880	1 227	1 807	2 653	2 413	6 127	8 213	8 920	12 487
	陕西	3 333	3 333	3 333	3 333	8 667	6 000	0	3 333	3 667
	新疆	1 667	2 207	3 673	3 673	3 673	3 467	4 133	1 073	4 987
	宁夏	2 640	2 673	2 680	2 680	1 333	2 680	1 333	1 333	1 120
	河北	333	667	2 400	3 733	2 133	1 067	6 000	320	1 547
羊草	吉林	7 533	4 800	4 800	15 800	15 800	15 800	15 800	15 800	13 347
	黑龙江	0	0	1 733	1 733	1 733	1 733	1 733	1 733	1 600
	内蒙古	120	87	80	147	40	53	413	533	567
柠条	内蒙古	5 940	7 853	8 833	13 320	8 840	13 573	18 733	15 067	10 840
	陕西	1 667	1 333	1 667	667	0	667	667	667	667
披碱草	青海	2 073	5 313	4 933	11 600	10 267	12 733	10 667	10 233	513
	甘肃	173	200	800	7 667	133	333	333	333	667
	四川	467	667	1 000	933	1 067	1 067	1 600	0	720
	河北	0	667	1 333	1 333	733	800	667	933	933
燕麦	青海	1 887	3 140	8 067	6 713	7 727	5 633	9 760	6 720	20 933
	甘肃	0	933	800	2 000	733	980	980	980	4 860
	内蒙古	687	380	533	1 053	233	733	400	467	533
	四川	433	467	0	467	0	600	1 467	940	0
沙打旺	内蒙古	2 313	1 593	2 567	3 133	3 260	4 140	5 980	2 080	7 193
	陕西	4 000	4 000	2 667	2 000	6 000	2 000	1 333	1 333	2 000
	辽宁	580	1 333	333	267	307	533	667	667	800
三叶草	湖北	167	14 620	1 600	4 413	5 193	300	207	100	207
	甘肃	0	400	333	8 533	133	267	267	267	200
	陕西	1 333	0	0	2 000	0	1 333	1 333	1 333	2 000

（续）

牧草名称	省(区)	2001年	2002年	2003年	2004年	2005年	2006年	2007年	2008年	2009年
老芒麦	河北	6 333	6 667	2 467	2 467	1 867	400	1 867	133	133
	四川	667	867	1 000	1 200	1 333	1 333	2 000	1 333	867
	甘肃	0	0	333	4 000	0	333	333	667	0
	内蒙古	80	80	127	213	400	1 213	1 680	287	1 180
毛苕子	四川	2 133	2 333	0	3 133	0	5 200	5 200	14 420	967
	甘肃	0	0	1 533	667	67	267	267	267	0
红豆草	甘肃	600	400	1 333	9 333	533	600	600	1 400	5 467
	新疆	0	0	0	0	667	0	1 333	600	2 200
	四川	0	0	800	667	1 000	1 000	0	0	400
多年生黑麦草	四川	667	667	933	1 067	667	667	0	667	153
	湖北	207	167	313	1 880	1 133	80	233	100	73
	江苏	0	0	0	0	733	1 000	0	253	0
多花黑麦草	四川	467	533	0	1 333	0	1 067	933	3 933	2 300
	江苏	0	0	0	0	467	3 600	0	1 027	607
	浙江	533	533	533	653	533	467	533	467	467
	湖北	93	67	360	3 200	233	140	167	133	7
	江西	133	200	333	400	300	267	267	240	213
	重庆	300	133	133	267	267	213	133	67	67
鸭茅	四川	333	333	400	400	1 467	1 467	800	667	413
	湖北	67	0	200	1 800	633	0	0	0	0
	云南	0	313	313	313	313	313	333	333	267

资料来源：贠旭江，2011。

表 3-7　2011 年全国牧草种子主产区种子田面积、产量及占全国比例

省（区）	种植面积（hm²）	占全国比例（%）	产量（t）	占全国比例（%）
甘肃	41 800	33	30 700	35
内蒙古	20 667	16	10 400	12
四川	12 667	10	8 800	10
青海	12 000	9	20 500	24
全国	127 733	100	89 000	100

资料来源：贠旭江，2011。

表 3-8　2011 年全国主要牧草种子田的面积、产量及占全国比例

牧草名称	种植面积（hm²）	占全国比例（%）	产量（t）	占全国比例（%）
紫花苜蓿	54 670	44.62	18 927	21.30
披碱草	13 267	10.06	9 978	11.20
燕麦	7 667	5.80	17 617	19.80
沙打旺	6 080	4.61	—	—
羊草	6 000	4.54	—	—
小黑麦	—	—	8 450	9.50
多花黑麦草	—	—	3 760	4.20

注："—"，表示无调查数据。

资料来源：负旭江，2011。

　　甘肃省是长江、黄河以及许多内陆河的起源地，其日照充分，昼夜温差较大，降雨稀少，约 70% 地区年降水量少于 500 mm，冬季受盛行西风影响降水极少，夏季受偏南及偏东气流的影响降水较多（图 3-4），但灌溉系统发达，是种子生产的理想区域。1983 年以来，甘肃省先后在通渭、民勤、永昌、静宁、定西、镇原等地建立牧草种子繁殖基地 20处，共 1 900 hm²。2004 年，甘肃省牧草种子生产面积达到 1.2 万 hm²。2011 年甘肃全省牧草种子生产田面积为 4.18 万 hm²，位列全国第一。甘肃省已形成了河西走廊耐旱牧草种子生产基地、甘南耐寒牧草种子生产基地，中东部为陇东紫花苜蓿种子生产基地、岷县的红三叶种子生产基地以及通渭的红豆草种子生产基地。河西走廊地处青藏高原和内蒙古高原的过渡地带，属于温带干旱半干旱气候，年均降水量低于 200 mm，是全省降水量最少的地区（李栋梁，2000），主要包括酒泉、张掖、金昌等地的祁连山区、冷凉灌区、沙漠边缘和新开发区，植物生长所需的水分主要靠祁连山雪水和地下水灌溉。陇中地区，属于黄土高原西端，气候温和干旱，年降雨量为 200~500 mm，蒸发量大，主要包括定西和白银地区，人工草地主要为紫花苜蓿和红豆草。陇东地区属黄土高原沟壑区，气候类型多样，主要为暖温带半湿润大陆性气候，年降水量为350~700 mm，主要包括庆阳和平凉地区，人工草地以紫花苜蓿为主。

内蒙古草原是欧亚大陆草原的重要组成部分，总面积为 8 666.7 万 hm²，占全区国土面积的 74%，占全国草原总面积的 22%。内蒙古地处我国北部边疆，地貌以高原为主，气候为大陆性季风气候，年日照时数为 2 500～3 100 h，年均气温为 0～8 ℃，年均降

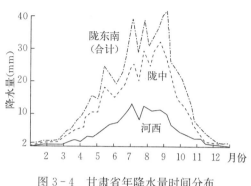

图 3-4 甘肃省年降水量时间分布
(孙美莲等，2013)

水量 50～450 mm，蒸发量 1 200～3 200 mm。内蒙古的草产业重点开发区包括河套平原和土默川平原，以及阴山向外延伸的低山丘陵、大兴安岭以东和以南的丘陵、科尔沁沙地。

2011 年内蒙古自治区拥有的牧草种子田面积 2.07 万 hm²，也是我国牧草种子的主要生产区域之一。在内蒙古自治区，早期的牧草种子生产是为了完成政府开展的各类生态工程项目。自治区为了响应国家种树种草的号召，大力开展种草工作，人工草地面积由 1978 年的 14.27 万 hm² 增加到 1983 年的 103.47 万 hm²，其中包括牧草 49.47 万 hm²，柠条 46.67 万 hm²（哈伦，1984）。大规模的人工种草工作带动了全区的牧草种子生产经营，1983 年采集牧草种子 0.87 万 t，同时也推动了小型草籽场的发展。但由于人口数量迅速增长，开垦天然草原导致利用面积锐减，同时过度放牧现象严重，导致"三化"（沙化、退化、盐渍化）现象严重，21 世纪初全区草原"三化"面积达到总草原面积的 62%。为了遏制草原的进一步退化，政府部门启动了一系列生态植被恢复工程。另外，为满足草食家畜饲养的需求，建设人工草地为家畜提供优质饲草。草原改良和人工草地的建设需要大量的优质牧草种子，"十二五"期间自治区财政每年拿出 1 亿元统筹用于支持高产优质饲草示范建设项目。在内蒙古自治区从东到西都分布有不同种类的牧草种子生产，野生羊草、敖汉苜蓿等种子主要靠天然植被中成熟种子的采集收获，主要在

呼伦贝尔、赤峰等地区；但专业化的牧草种子生产主要集中在西部的鄂尔多斯地区，是苜蓿种子的主要生产区域，该区域年降水量为 200～450 mm，土壤条件良好，是牧草种子生产的理想区域。

2011 年牧草种子生产面积调查显示，四川省拥有 1.27 万 hm² 种子田，位列全国第三。四川省的牧草种子生产源于 20 世纪 80 年代初期，生产区域主要分布于川西北高原、川西南山地及盆周山区。1983 年，国家在凉山州昭觉县建立白三叶种子繁殖场 284 hm²，在甘孜州石渠县建立燕麦、红豆草种子繁殖场 33.33 hm²。1984 年在九寨沟县、宣汉县等地建立多花黑麦草种子繁殖场 466.67 hm²。1988 年，牧区开发示范工程启动，在西昌市、普格县、会东县建立了 1 500 hm² 的光叶紫花苕良种基地。2000 年农业部在全国启动了牧草种子繁育基地建设项目，在四川省建立 6 403 hm² 草种生产基地，其中光叶紫花苕占主导地位。

四川省位于我国西南地区内陆腹地，东部为四川盆地，属于亚热带湿润气候；西部为山地和高原，属于高山高原气候。攀西地区主要以生产光叶紫花苕种子为主，盆周山区海拔在 1 500～2 000 m，降水量为 600～1 000 m，光照充足，适宜生产黑麦草、鸭茅等草种。盆地内和低山丘陵地区，气候温凉湿润，以生产王草和牛鞭草种苗为主；海拔 2 000 m 以上的半农半牧区和牧区，以生产燕麦、老芒麦、披碱草种子为主。

20 世纪 50 年代，青海省牧草商品种子生产几乎是空白。60—70 年代，开始引种试验和品种选育工作。到 80 年代末期，相继在果洛、玉树、同德、贵南、化隆、大通等地建设了牧草种子繁殖基地，面积达到 3 300 hm²。进入 90 年代后，由于受牧区草场承包使用权属变更的影响以及市场经济条件下经济利益驱动的冲击，牧草种子生产田面积波动较大，产量大幅下降。到 90 年代末期，保留种子生产田面积仅为 2 300 hm²，其中燕麦种子生产田 2 000 hm²。2001 年开始，农业部加大对青海省牧草种子繁殖基地建设的投入力度，先后在三角城种羊场、同德牧草良种繁殖场和湟中县建设 3 个大型牧草种子基地。截至 2006 年年底，共建成牧草种子生产基地 1.2 万 hm²，其中多年生牧草种子基地 1.07 万 hm²，年产草种 9 500 t。青海省牧草良种繁殖场是青海最大的牧草种子生产基地，面积为 4 000 hm²，每年可生产短芒披碱草等种子 3 000 t，青海冷地早熟禾、青海中华羊茅等小粒牧草种子 600 t。

青海省位于我国西北腹地，全省长约 2 300 km，南北宽约 800 km，海拔在 3 000 m 以上的地区占土地总面积的 70% 以上。境内除河湟流域为农区外，其余大部分地区为牧区，其中主要牧区分布在南部的黄南、玉树、果洛、海南、海北、海西东部，占全省总面积的 62.5% 以上。青海的气候受青藏高原的独特位置影响较大，气温偏低，降水偏少，光照充足。青海省具有丰富的牧草种质资源，禾本科植物有 62 属，198 种，21 变种。其中，披碱草属的垂穗披碱草和老芒麦适合在海拔高度为 1 800～4 500 m 的山坡草地、高山草甸上生长；羊茅属的中华羊茅和紫羊茅适合在海拔高度为 3 100～4 500 m 的滩地、河谷以及草甸化草原上生长；雀麦属的无芒雀麦主要分布在同德、玉树等地，可在低海拔地区栽培；冰草属的扁穗冰草为旱生植物，适合在海拔高度为 2 900～3 800 m 的干草原、沙丘种植；碱茅属的碱茅具有很强的耐盐能力，主要分布在柴达木盆地。

除了甘肃、内蒙古、四川和青海外，新疆也是我国牧草种子生产的理想区域，新疆光热充足，日照时数长（2 500～3 500 h），气候干燥少雨（年均降水量为 150 mm），并且拥有先进的节水灌溉技术，非常有利于温带牧草种子生产。我国南北跨越 30 余个纬度，具有多样的气候类型和复杂的地形地势，为各种牧草种子生产创造条件。但牧草种子生产需要在特定的生长条件下进行，草类植物生殖生长阶段（开花、授粉和结实）的顺利完成需要适宜的温度、光照和降水等气候因子。同一种牧草在我国不同区域的种子产量组分及产量差异较大，针对无芒雀麦种子生产的研究表明，甘肃酒泉的无芒雀麦有较高的小穗数、小花数以及种子数，并且种子产量远远高于其他区域（表 3-9）。同样，甘肃河西走廊地区的紫花苜蓿种子产量高于甘肃其他地区，并远高于辽宁省；宁夏黄灌区的多年生黑麦草种子产量是辽宁大连的近 6 倍，并且高于贵州和云南；宁夏银川和新疆石河子的高羊茅种子产量超过 2 000 kg/hm²（表 3-10）。

尽管目前相比欧美发达国家，我国牧草种子生产田面积较小，但国家正大力推进生态文明建设，加强草原保护，实施农业结构调整，积极发展草牧业，这在客观上促进我国草种业的发展。

表 3-9　不同种植地域无芒雀麦种子产量及其产量组分

种植区	每平方米生殖枝数	小穗数/生殖枝	小花数/小穗	种子数/小穗	千粒重(g)	实际种子产量(kg/hm^2)
辽宁大连	789.7	60.2	5.8	—	3.18	1 844.0
内蒙古宁城	489.0	55.1	6.6	4.3	3.19	1 071.3
河北丰宁县	524.3	32.9	7.0	4.3	3.54	1 607.2
河北沽源县	728.3	37.0	6.1	4.5	3.92	1 723.1
甘肃酒泉	560.6	65.8	8.9	4.7	3.91	2 941.7

资料来源：马春晖等，2010。

表 3-10　部分牧草种子产量地区间的差异

紫花苜蓿		多年生黑麦草		高羊茅	
地区	产量(kg/hm^2)	地区	产量(kg/hm^2)	地区	产量(kg/hm^2)
甘肃陇东地区	225~300	贵州独山	845	北京	607
甘肃东部地区	<225	云南曲靖	336	新疆石河子	2 000
甘肃河西地区	375~600	宁夏黄灌区	1 389	宁夏银川	2 266
辽宁地区	75	辽宁大连	236	辽宁大连	851

资料来源：韩建国、毛培胜，2001。

三、我国牧草种子专业化生产地域要求

我国气候类型多样，可以满足不同牧草种子生产的需求。无霜期是进行种子生产的重要因素，直接影响到植物生长能否完成生活史。无霜期总体上是从北往南逐渐增加，部分地区因为海拔等因素，有不同的变化。我国大部分地区无霜期均高于 100 d，低于 100 d 的某些区域主要是北部和西北部一些海拔较高的山脉，如甘肃和青海交界的祁连山脉，部分地区无霜期不足 100 d，北方大部分地区无霜期在 100~180 d（图 3-5）。不同牧草种子生产对无霜期的要求不同，禾本科要求 100 d 左右，而豆科牧草需要的无霜期相对要长一些，红豆草等需要 140 d。因此，豆科牧草种子生产要考虑无霜期的是否满足。

全国无霜期分布

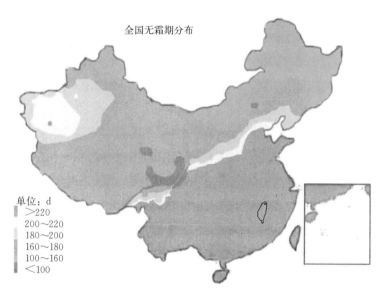

图 3-5 全国无霜期分布图

我国的降雨量从北往南，从西往东逐渐增加。牧草种子生产要求种子成熟时天气干燥高温，有利于种子的发育成熟和收获。降雨量较少的西北部，尽管多数地区的降雨量在 300 mm 以下，但是夏秋季的干燥高温为牧草种子生产提供了条件，在有灌溉条件的地区，进行牧草种子生产是非常有利的。牧草种子生产需要的降雨量在物种间也存在着差异，如苜蓿种子生产降雨量不能超过 600 mm，而鸭茅和白三叶降雨量在1 500 mm 时仍满足种子生产。从降雨量看我国北方地区，降雨量均在600 mm 以下，一些干旱半干旱地区，也有便利的灌溉条件，适宜大部分牧草种子生产。南方地区，尤其是长江以南，降雨量在 800 mm 以上，在进行牧草种子生产时，要充分考虑降雨量情况（图 3-6）。我国南方的广东、福建等地区，降雨量均超过1 500 mm，不适合进行牧草种子生产。

积温也是影响种子生产的一个重要因素。由于地形等原因影响，如海拔就对积温的影响较大，我国积温规律不明显（图 3-7）。南方地区积温较大，北方相对较小，西藏地区积温最小，只有1 000 ℃左右，新疆不同地区积温差别较大。从积温上来看，禾本科牧草种子生产需要的有效积温（≥10 ℃）均在1 000～2 000 ℃，北方大部分积温满足禾本科

全国年降雨量分布图

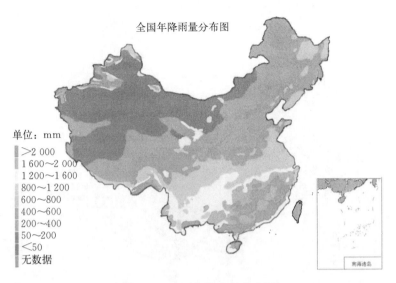

单位：mm

■ ≥2 000
■ 1 600～2 000
■ 1 200～1 600
■ 800～1 200
■ 600～800
■ 400～600
■ 200～400
■ 50～200
■ ＜50
■ 无数据

图 3-6　全国年降水量分布图

牧草种子生产的需求，大约在 2 000 ℃以上。对于豆科牧草种子生产，积温成为制约的因素之一，豆科牧草种子生产所需要的积温（≥10 ℃）一般在 2 500 ℃以上，有些种对积温的需求达到 3 500 ℃。南方地区进行种子生产时，在满足积温条件的前提下，要重点考虑物种的其他气候条件，比如适合种子生产的降水量范围等。

全国日平均积温≥10 ℃积温

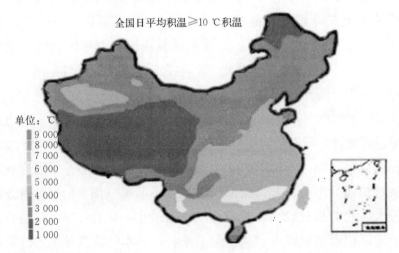

单位：℃

■ 9 000
■ 8 000
■ 7 000
■ 6 000
■ 5 000
■ 4 000
■ 3 000
■ 2 000
■ 1 000

图 3-7　全国≥10 ℃积温分布图

年日照时数也是牧草种子生产需要考虑的因素。年日照时数在全国的分布也没有严格的规律，总的来说，西北部最好，均在 3 000 h 左右；南方云贵高原最低，在 1 000～2 000 h（图 3-8）。北方的日照时数基本上满足了牧草种子生产的需要。

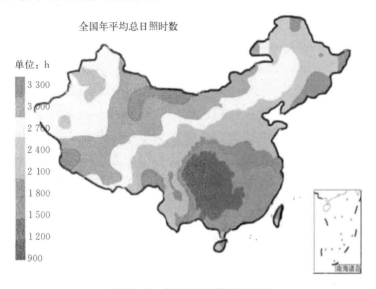

图 3-8　全国日照时数分布图

通过对我国 10 种豆科和禾本科牧草种子生产地域的研究比较，每个物种均有不同的生物学特性，因此种子生产需要综合考虑各气候因素。针对大多数牧草种子生产的气候条件，适宜我国牧草种子生产区域包括长江以北除西藏外的绝大部分地区。但是现有的牧草种子田主要分布在黑龙江的齐齐哈尔市，经吉林西部，内蒙古东南、冀北、晋北，向西经过河西走廊，从到新疆的天山北麓地区，还有川西北高原，湖南湖北的部分地区。大部分区域位于我国农牧交错地带，年平均降雨量大部分在 380 mm。该地区为独特的东亚季风气候，干湿波动幅度大于温度变化幅度。4 种豆科牧草适宜种植区域分化较大，苜蓿、红豆草、沙打旺和白三叶适宜区域由北方逐渐南移到华中地区。6 种禾本科牧草种子田适宜区域基本一致，在我国北方整个半干旱区域和有灌溉条件的干旱区域均适合种子生产。

第四章　四种豆科牧草种子专业化 生产的地域性要求

豆科牧草种类多，分布广，适应性强。在我国有 185 属 1 380 余种。豆科牧草富含蛋白质、钙质、维生素和胡萝卜素，根系发达具有根瘤，可以改良土壤和培肥地力。在栽培饲草中，紫花苜蓿、沙打旺、红豆草、白三叶、柠条等在人工草地建设和草地改良中发挥重要作用。至 2017 年 12 月，全国草品种审定委员会审定登记的豆科牧草，包括 34 个属 62 个种 204 个品种，其中紫花苜蓿品种最多。

第一节　紫花苜蓿

一、生物学特性

紫花苜蓿（*Medicago sativa* L.）为豆科苜蓿属多年生草本植物，耐干旱、抗逆性强，适应范围广，在年均降雨量 250～800 mm、无霜期 100 d 以上的地区均可种植。喜干燥、温暖、多晴天、少雨天的气候和干燥、疏松、排水良好中性和弱碱性土壤，pH 6.0～9.0 均可栽培，pH 6.7～7.0 最佳。最适生长气温 25～30 ℃。生长期间忌积水，年均降雨量超过 800 mm 的地方不适宜紫花苜蓿的栽培。紫花苜蓿种子 5～6 ℃ 可发芽，12～20 ℃ 萌发快，生长最适宜温度为 15～21 ℃。开花期需要较低的空气相对湿度，种子成熟期要求干燥、无风、晴朗的天气。

二、紫花苜蓿种子生产条件及适宜栽培种植区

（一）无霜期

紫花苜蓿种子生产无霜期 100 d 以上，甘肃省和青海省交界的祁连

山无霜期低于 100 d，不满足条件，其他地方均可。年际变化较大，有春寒发生的地方如内蒙古高原和河北接壤部分地区尽管年平均无霜期 100 d，考虑到年际波动，进行种子生产时也存在风险。

（二）年均降雨量

苜蓿种子生产的年均降雨量要小于 600 mm，降雨过多，不利于紫花苜蓿授粉，种子生长、发育、成熟和收获。降雨量小于 250 mm 干旱地区，需结合人工灌溉。降雨量适合的区域包括黑龙江、吉林、辽宁北部和西部、河北、山西北部、陕西北部、宁夏、甘肃北部和西部、内蒙古、青海、新疆和西藏。

（三）≥10 ℃积温

在紫花苜蓿种子生产中，≥10 ℃积温要大于 1 700 ℃，除黑龙江最北边的部分区域以及西藏、青海及四川北部地区外，其他地区均满足。

（四）年日照时数

紫花苜蓿种子生产的年日照时数需大于 2 200 h，北方地区除新疆的西北部、黑龙江北部以及吉林、辽宁的沿海地区，其他地区均满足日照条件。

综合这 4 个影响因子（表 4 - 1，图 4 - 1），我国适宜紫花苜蓿种子生产的区域主要在新疆、甘肃、内蒙古、宁夏、陕西中部和北部、山西中部和北部、河北中部和北部、辽宁西部、吉林中部和西部、黑龙江中部和南部（图 4 - 2）。

表 4 - 1　紫花苜蓿种子生产适宜气候条件

气候条件	范　围
无霜期	>100 d
年均降雨量	<600 mm
≥10 ℃积温	>1 700 ℃
日照时数	>2 200 h

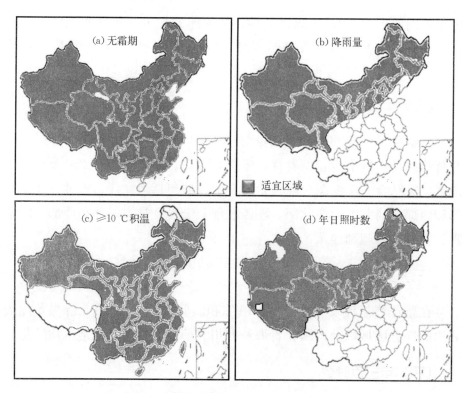

图 4-1 紫花苜蓿种子生产适宜气候分布区

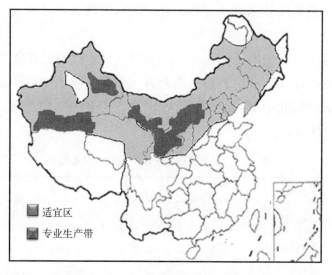

图 4-2 全国紫花苜蓿种子生产区域

三、紫花苜蓿专业化种子生产区

根据紫花苜蓿种子生长发育特性和我国气候分布类型，满足生产条件的地区均可进行紫花苜蓿种子生产。但是小规模的育种、种子生产采用就近原则，而规模化、产业化的紫花苜蓿种子生产，需要结合我国光、温、水等资源分布，建立专业化种子生产区域。根据查阅的文献和相关资料，依据现有的种子生产区，确定甘肃的河西走廊地区、黄河的河套地区、天山北麓地区和新疆和田地区为紫花苜蓿种子生产带。

（一）甘肃河西走廊紫花苜蓿种子生产带

东起乌鞘岭，西至古玉门关，南北介于南山（祁连山和阿尔金山）和北山（马鬃山、合黎山和龙首山）间，长约900 km，宽数千米至近百千米，为西北—东南走向的狭长平地，形如走廊，称甘肃走廊。因位于黄河以西，又称河西走廊。河西走廊冬春二季常形成寒潮天气，夏季降水的主要来源是侵入本区的夏季风。气候干燥、冷热变化剧烈，风大沙多。河西走廊的气候属大陆性干旱气候（表4-2），无霜期130~160 d。自东而西年降水量渐少，降水年际变化大，夏季降水占全年总量50%~60%，春季15%~25%，秋季10%~25%，冬季3%~16%。祁连山冰雪融水为灌溉的绿洲农业发展提供优越的条件。年均温5.8~9.3 ℃，但绝对最高温可达42.8 ℃，绝对最低温为-29.3 ℃，二者较差超过72.1 ℃，昼夜温差平均15 ℃左右，一天可有四季。云量少，日照时数增加，多数地区为3 000 h，西部的敦煌高达3 336 h。

表4-2　甘肃河西走廊气候条件

气候条件	范围
无霜期	130~160 d
年均降雨量	50~600 mm
≥10 ℃积温	2 500~3 000 ℃
日照时数	3 000~4 000 h

（二）河套地区紫花苜蓿种子生产带

河套地区位于北纬 37°线以北，指贺兰山以东、吕梁山以西、阴山以南、长城以北之地，包括银川平原（宁夏平原）和鄂尔多斯高原、黄土高原的部分地区，分属宁夏、内蒙古、陕西各省区。河套平原分为青铜峡至宁夏石嘴山之间的银川平原，又称"西套"，和内蒙古部分的"东套"。河套平原属大陆性气候（表 4-3），无霜期 130～150 d。大部地区降雨量 150～400 mm，东多西少，在时间分配上雨热同季。河套地区灌溉条件便利。该地区年均温 5.6～7.4 ℃，西高东低，10 ℃以上有效积温 3 000～3 280 ℃，昼夜温差大。年日照时数 3 000～3 200 h，西多东少。农作物一年一熟，适合紫花苜蓿种子生产。

表 4-3 河套地区气候条件

气候条件	范 围
无霜期	130～150 d
年均降雨量	150～400 mm
≥10 ℃积温	3 000～3 280 ℃
日照时数	3 000～3 200 h

（三）天山北麓紫花苜蓿种子生产带

地处天山北麓准噶尔盆地东南部，东经 85°17′～91°32′，北纬 43°06′～45°38′，行政区东西长 500 km，南北宽 285 km，总面积 939 万 hm²，占新疆总面积的 5.7%。境内适合紫花苜蓿种子生产地区有昌吉、玛纳斯、呼图壁、阜康、吉木萨尔、奇台、木垒。天山北麓属大陆干旱性气候（表 4-4），海拔在 650～5 445 m，无霜期 155 d，平原年降水量为 150～200 mm。年平均气温 4.7～7.0 ℃，冬季气温寒冷，最低温度在 -36.0～-43.2 ℃；夏季气候炎热，最高气温 36.0～43.5 ℃。全年日光照数为 2 598.2～3 226.4 h。

表 4-4　新疆天山北麓气候条件

气候条件	范　围
无霜期	150～170 d
年均降雨量	150～200 mm
≥10 ℃积温	3 000～3 500 ℃
日照时数	2 598～3 226 h

（四）新疆和田地区紫花苜蓿种子生产带

和田市地处东经 $79°50'20''$～$79°56'40''$，北纬 $36°59'50''$～$37°14'23''$，位于新疆最南端，地处喀喇昆仑山与塔克拉玛干大沙漠之间，全市南高北低，北宽南窄，由南向北倾斜，总面积 2 478 万 hm^2，边境线 210 km。和田地区是全疆最温暖的地区之一（表 4-5），无霜期 170～201 d。少雨干燥，平原区年降水量为 13.1～48.2 mm，灌溉便利。平原区年平均温度 11.6 ℃，在农作物成长的旺季 6—9 月，拥有非常丰富的热量，其中≥10 ℃的有效积温为 4 200 ℃，对本地区农业生产极为有利，且温差大，有利于农作物光合产物的累积，可增加瓜果的含糖量和棉铃重，同品种的果树、蔬菜，在本地区果实着色浓、色艳，品质一般超过原产地。年蒸发量达 2 450～3 137 mm，干燥度大，有利于紫花苜蓿种子生产，不利于病虫害的发生。

表 4-5　新疆和田地区气候条件

气候条件	范　围
无霜期	170～201 d
年均降雨量	13.1～48.2 mm
≥10 ℃积温	4 200 ℃
日照时数	2 470～3 000 h

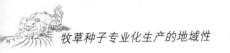

第二节　红　豆　草

一、生物学特性

红豆草（*Onobrychis viciaefolia* Scop.）为豆科红豆草属多年生草本植物，性喜温凉、干燥气候，适应环境的可塑性大，耐干旱、寒冷、早霜、深秋降水、缺肥、贫瘠土壤等不利因素。与苜蓿比，抗旱性强，抗寒性稍弱。适应栽培在年均气温3～8℃，无霜期140 d左右，年均降雨量400 mm上下的地区。种子成熟需≥10℃的年有效积温为1 500℃。红豆草对土壤要求不严格，可在干燥瘠薄，土粒粗大的砂砾、沙壤土和白垩土上栽培生长。红豆草根系发达，主根粗壮，侧根多，播种当年主根生长快，生长二年在50～70 cm深土层以内，侧根重量占总根量的80%以上，在富含石灰质的土壤，疏松的碳酸盐土壤和肥沃的田间生长极好。在酸性土、沼泽地和地下水位高的地方都不适宜栽培，在干旱地区适宜栽培利用。

红豆草花色粉红艳丽，饲用价值可与紫花苜蓿媲美，故有"牧草皇后"之称。我国新疆天山和阿尔泰山北麓都有野生种分布。中国国内栽培的主要是普通红豆草和高加索红豆草，前者原产法国，后者原产苏联。欧洲、非洲和亚洲都有大面积的栽培。国内种植较多的省（市、区）有内蒙古、新疆、陕西、宁夏和青海。

二、红豆草种子生产条件及适宜栽培种植区

（一）无霜期

红豆草种子生产无霜期约需140 d以上，但在新疆北部、西藏、青海、四川北部、内蒙古东部和西部、黑龙江、吉林北部地区的无霜期小于140 d，不适合红豆草种子生产。

（二）年均降雨量

适宜红豆草种子生产的年平均降雨量不超过 800 mm，长江以南地区降雨均较多，且雨水多集中在生长季，不利于红豆草种子的发育、成熟和收获。无灌溉条件下，满足红豆草种子的年降雨量应不低于150 mm。有灌溉条件，低于 150 mm 地区亦适合红豆草种子生产。

（三）≥10 ℃积温

红豆草种子生产≥10 ℃积温需大于 1 500 ℃，除黑龙江省最北边的部分区域以及西藏、青海、甘肃西南部及四川西部地区，其他地区均满足。

（四）年日照时数

满足红豆草种子生产的最低年日照时数为 2 000 h，除陕西南部、湖北南部、湖南、重庆、四川东部、广西、广东、福建、江西、浙江等年日照时数小于 2 000 h，其他地区均适宜。

综合 4 个气象因子（表 4-6，图 4-3），我国适宜红豆草种子生产的区域包括辽宁、内蒙古中部、河北、北京、天津、山东、山西、陕西北部、宁夏、甘肃、新疆的大部分地区（图 4-4）。

表 4-6　红豆草种子生产适宜气候条件

气候条件	范　围
无霜期	>140 d
年均降雨量	<800 mm
≥10 ℃积温	>1 500 ℃
日照时数	>2 000 h

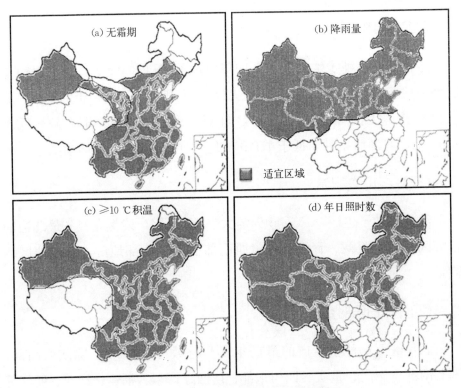

图 4-3 红豆草种子生产适宜气候分布区

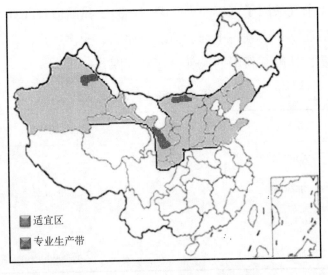

图 4-4 全国红豆草种子生产区域

三、红豆草专业化种子生产区

我国红豆草种子生产田总面积为 2 010 hm²，主要分布于新疆、内蒙古和甘肃，新疆种子田面积最大为 2 000 hm²，内蒙古生产蒙农红豆草。

根据红豆草种子生长发育特性和我国气候分布类型，满足生产条件的地区均可进行红豆草种子生产。但是小规模的育种、种子生产可采用就近原则，而规模化、专业化的红豆草种子产业，需要结合我国光、温、水等资源分布，建立适宜的专业化种子生产区域。根据查阅的文献和相关资料，依据现有的种子生产区，确定新疆天山北麓红豆草种子生产带、内蒙古巴彦淖尔红豆草种子生产带和甘肃陇中和陇东红豆草种子生产带。

（一）新疆天山北麓红豆草种子生产带

地处天山北麓，准噶尔盆地东南部，东经 85°17′～91°32′，北纬 43°06′～45°38′，行政区东西长 500 km，南北宽 285 km，总面积 939 万 hm²，温带大陆性干旱气候，气候干燥，日照时间长，年日照超过 2 700 h，昼夜温差大，日温差超过 20 ℃。为灌溉农业区，全年降水稀少，主要集中在冬季，通过引天山雪水自流灌溉。土壤成土母质以砾石、沙土壤为主，富含硒元素及钙质，土层深厚，透气性良好，酸碱度适宜。境内适合红豆草种子生产地区有昌吉、玛纳斯、呼图壁、阜康、吉木萨尔、奇台和木垒。天山北麓属大陆干旱性气候（表 4-7），海拔 650～5 445 m。年均气温 4.7～7.0 ℃，冬季气温寒冷，最低温度－36.0～－43.2 ℃；夏季气候炎热，最高气温 36.0～43.5 ℃；平原年均降雨量为 150～200 mm，年日照时数为 2 598.2～3 226.4 h，无霜期 155 d。

表 4-7　新疆天山北麓气候条件

气候条件	范　围
无霜期	150～170 d
年均降雨量	150～200 mm
≥10 ℃积温	3 000～3 500 ℃
日照时数	2 598～3 226 h

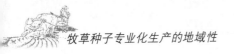

（二）内蒙古自治区巴彦淖尔红豆草种子生产带

包含临河区、五原县、磴口县、杭锦后旗、乌拉特前旗、乌拉特中旗和乌拉特后旗。地理位置为东经 105°125′～109°599′，北纬 40°139′～40°289′。属中温带大陆性季风气候（表 4-8），光照充足，热量丰富；降水量少，蒸发量大，风大沙多，无霜期较短；温差大，四季分明。年平均气温 3.7～7.6 ℃，一年之中，1 月温度最低，平均为－11～－15 ℃，7 月气温最高，平均在 20～24 ℃。气温年较差是 33.4～37.3 ℃，气温日较差平均为 13～14 ℃。年平均日照时数为 3 110～3 300 h，是中国光能资源最丰富的地区之一。全市辐射量在 6 278.25～6 603.04MJ/m²，自东南向西北逐渐增多。平均无霜期 144 d，最长 163 d。≥10 ℃有效积温为 2 371.3～3 184.4 ℃。年均降雨量 188 mm，山北地区为 100～200 mm，河套地区为 150～200 mm，东部山区 250 mm。雨量多集中于夏季的 7—8 月，约占全年降水量的 60%，极端降雨量为432.6 mm。冬春两季雨雪稀少，只占全年降水量的 10% 左右。与降水量相比，年平均蒸发量却高达 2 032～3 179 mm，普遍大于降水量的 10～30 倍。地处西风带，风速较大，风期较长，是冬春季节的主要气候特征之一，年平均风速 2.5～3.4 m/s，年最大风速 18～40 m/s。

表 4-8　内蒙古自治区巴彦淖尔地区气候条件

气候条件	范　围
无霜期	＞144 d
年均降雨量	100～250 mm
≥10 ℃积温	2 731～3 184 ℃
日照时数	3 110～3 300 h

（三）甘肃陇中和陇东地区红豆草种子生产带

陇中位于祁连山以东、陇山以西、甘南高原和陇南山地以北的甘肃省中部，其行政区范围包括兰州、白银、天水3个市以及定西地区和临夏州，海拔1 200～2 500 m，其中，红豆草种子生产主要集中在定西市，海拔高度在1 640～3 900 m之间。年均降雨量350～500 mm，年平均温度7℃，平均无霜期146 d。以渭河为界，大致分为北部黄土丘陵沟壑区和南部高寒阴湿区两种自然类型。前者包括安定区，通渭、陇西、临洮三县和渭源北部，占全区总面积的60%，为中温带半干旱区，降水较少，日照充足，温差较大；后者包括漳县、岷县两县和渭源南部，占全市总面积的40%，为暖温带半湿润区，海拔高，气温低。陇东地区主要包括平凉和庆阳地区。平凉气候总体南湿、北干、东暖、西凉，年均气温8.5℃，降雨量在450～700 mm，平均日照总时数2 144～2 380 h，无霜期156～188 d，光照充足，四季分明。由于地形和海拔高度的影响，气候垂直差异明显。一般规律是：海拔每升高100 m，生长季缩短5 d，大于10℃的有效积温减少107℃，无霜期减少3.1 d。庆阳属于温带大陆性季风气候，东、南部属于温带大陆性季风湿润半湿润气候，年均降雨量480～660 mm，年均气温7～10℃，年日照时数2 250～2 600 h，无霜期140～180 d（表4-9）。

表4-9 甘肃陇中和陇东地区气候条件

气候条件	范围
无霜期	140～188 d
年均降雨量	350～700 mm
≥10℃积温	2 950～3 700℃
日照时数	2 100～2 600 h

第三节 沙 打 旺

一、生物学特性

沙打旺（*Astragalus adsurgens* Pall.）又名直立黄芪，为豆科黄芪

属多年生草本植物。原产于河北、河南、山东、江苏等省的黄河故道地区，抗逆性强，适应性广，具有抗旱、抗寒、抗风沙、耐瘠薄等特性，且较耐盐碱，但不耐涝。它对恢复植被、防止水土流失、保护生态环境和促进草地畜牧业的发展均具有积极作用。沙打旺适宜在年均气温 8～15 ℃、年均降雨量 300～500 mm 的地方种植，种子成熟需无霜期 150 d，需≥10 ℃有效积温 2 800 ℃以上。一些栽培品种如早熟沙打旺无霜期 120 d，≥10 ℃积温 2 500 ℃即可满足种子生产。在暖温带和北亚热带结实正常，但在中温带由于热量不足，种子成熟不好，产种量较低。沙打旺种子发芽最低温度为 9.5 ℃，最适温度为 20.5～24.5 ℃，已萌发的幼苗，被风沙埋没 3～5 cm，仍能正常生长。沙打旺对土壤要求不严。

二、沙打旺种子生产条件及适宜种植区

(一) 无霜期

沙打旺种子生产无霜期约需 120 d 以上，但在新疆北部的阿勒泰地区和哈密地区、西藏、青海、四川西北部、内蒙古东部、黑龙江、吉林等省区无霜期小于 120 d，不满足沙打旺种子生产条件。

(二) 年均降雨量

沙打旺种子生产需年平均降雨量不超过 1 000 mm，降水太多不利于种子生产，适宜沙打旺种子生产的最低降雨量为 300 mm，降雨不足 300 mm的干旱半干旱地区，进行种子生产需有灌溉条件。但在云南、广西、贵州南部、广东、湖南、江西、福建年均降雨量超过 1 000 mm，不适宜沙打旺种子生产。

(三) ≥10 ℃积温

沙打旺种子的生产对积温要求较高，需≥10 ℃有效积温 2 500 ℃以上，但在黑龙江、吉林、辽宁北部、内蒙古大部、新疆（和田地区除外）、甘肃北部、西藏、青海和四川西北部积温均不超过 2 500 ℃。

（四）年日照时数

沙打旺种子生产需年日照时数 2 000 h，除陕西南部、湖北南部、湖南、重庆、四川东部、广西、广东、福建、江西、浙江等年日照时数小于 2 000 h，其他地区均适宜。

综合这 4 个指标（表 4 - 10，图 4 - 5），我国适宜沙打旺种子生产的区域主要在我国新疆和田地区、河北、北京、天津、山东、江苏、安徽、河南、山西、陕西、宁夏（图 4 - 6）。

表 4 - 10　沙打旺种子生产适宜气候条件

气候条件	范　围
无霜期	＞120 d
年均降雨量	＜1 000 mm
≥10 ℃积温	＞2 500 ℃
日照时数	＞2 000 h

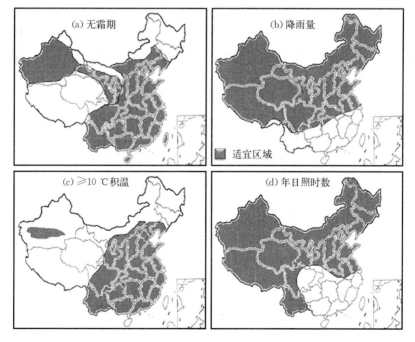

图 4 - 5　沙打旺种子生产适宜气候分布区

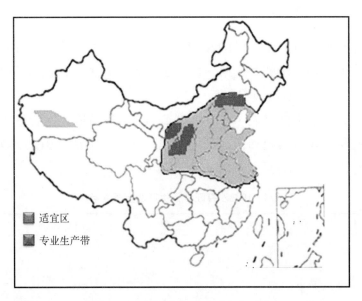

图 4-6　全国沙打旺种子生产区域

三、沙打旺专业化种子生产区

根据沙打旺种子生长发育特性我国气候分布类型，满足生产条件的地区均可进行沙打旺种子生产。但是小规模的育种、种子生产可采用就近原则。而规模化、产业化的沙打旺种子生产，需要结合我国光、温、水等资源分布，建立适宜种子生产区域。根据查阅的文献和相关资料，依据现有的种子生产区，确定东北、陕北和蒙宁河套地区为沙打旺种子生产带。

（一）东北沙打旺种子生产带

主要包括辽宁省阜新市阜新蒙古族自治县、彰武县，朝阳市建平县、北票县，沈阳市康平县，地理位置东经 119°38′～123°20′，北纬 41°24′～42°44′，海拔高度为 85～412 m。气候受东亚季风的支配，属于温带。四季分明，降水集中，日照充足，温差较大（表 4-11）。春季干旱多风，夏季炎热多雨，秋季天高气爽，冬季寒冷少雪。平均无霜期

154 d。日平均气温稳定，≥10 ℃有效积温为 3 377 ℃，日期始于 4 月
20 日，止于 10 月 19 日。气温年平均为 7.1～7.6 ℃，全年最热的月份
为 7 月，最冷的月份为 1 月。年日照时数 2 826.7 h，太阳辐射、光照条
件优越，降水量虽少，但分配较好。5—9 月农作物生育期生理辐射量
1 555.04 MJ/m²，太阳辐射和光照条件是全省最好的地区之一。全年降
雨量一般在 520 mm 左右，最多年份达 825 mm，最少年份为 310 mm。
5—9 月农作物生育期间平均降雨量 469 mm，占全年降雨量的 86％，
7—8 月降雨量占全年降雨量的 55％。

表 4-11　东北沙打旺种子生产带气候条件

气候条件	范　围
无霜期	>154 d
年均降雨量	310～825 mm
≥10 ℃积温	3 377 ℃
日照时数	>2 827 h

（二）陕北沙打旺种子生产带

位于东经 109°15′～109°19′，北纬 36°51′～37°36′，海拔 1 068～
1 309 m。主要有陕西省榆林市榆阳区古塔乡杭庄村、安塞县；宁夏固
原县云雾山、彭阳县红河乡、城阳乡。温带干旱半干旱大陆性季风气
候，光照充足，温差大，气候干燥，雨热同季，四季明显（表 4-12）。
无霜期 159～180 d，年平均气温 7.9～11.3 ℃，≥10 ℃ 的积温
2 847.2～4 147.9 ℃，年日照时数 2 593.5～2 914.2 h，年辐射总量
5 391.36～6 040.17 MJ/m²，是我国的辐射高值区。全年平均降雨量
316～551 mm，且多集中在 7、8、9 三个月，约占全年降水量的三分之
二。主要自然灾害是干旱和低温。土壤类型为栗钙土、棕壤土、黄褐土
和风沙土。

表 4 - 12　陕北沙打旺种子生产带气候条件

气候条件	范　围
无霜期	159～180 d
年均降雨量	316～551 mm
≥10 ℃积温	2 847～4 148 ℃
日照时数	2 594～2 914 h

（三）蒙宁河套地区沙打旺种子生产带

位于东经 106°14′～108°43′，北纬 35°46′～38°36′，海拔 1 402～1 778 m，属温带半干旱区大陆性季风气候（表 4 - 13）。年均气温6.3～8.5 ℃，无霜期 140～170 d，年均降雨量在 300～550 mm，土壤类型为黑垆土、灰钙土和灰漠土。

表 4 - 13　宁夏沙打旺种子生产带气候条件

气候条件	范　围
无霜期	140～170 d
年均降雨量	300～550 mm
≥10 ℃积温	＞2 800 ℃
日照时数	＞2 200 h

第四节　白　三　叶

一、生物学特性

白三叶（*Trifolium repens* L.）为豆科三叶草属多年生草本植物。根系发达，寿命一般均在 10 年以上。适应性强，生长旺盛，再生能力较强，耐修剪、耐践踏，具有较强的抗污染能力，耐寒性强，气温降至 0 ℃时，只有部分老叶枯黄，喜温暖湿润、阳光充足、通风良好的环境；生长最适宜温度为 20～25 ℃，土壤要求以湿润、排水良好的中性土为好，最适宜 pH 5.6～7.0。在中国长江流域广为栽培，冬季可保持常绿不枯。

二、白三叶种子生产条件及适宜种植区

(一)无霜期

白三叶种子生产无霜期 120 d 以上，但在新疆北部的阿勒泰地区和哈密地区、西藏、青海、四川西北部、内蒙古东部、黑龙江、吉林的无霜期小于 120 d，不满足白三叶种子生产条件。

(二)年均降雨量

白三叶种子生产需年均降雨量不超过 1 500 mm，白三叶种子生产的最低降水量为 300 mm，降雨量低于 300 mm 的区域，进行白三叶种子生产需有灌溉条件。广西西南部、湖南南部、江西南部、福建南部、广东降雨量超过 1 500 mm，不适宜白三叶种子生产。

(三)≥10 ℃积温

白三叶种子生产≥10 ℃有效积温需达到 3 500 ℃以上，除东北、内蒙古以及西北各省区积温不到 3 500 ℃，其他地区均适宜。

(四)年日照时数

白三叶种子生产的年日照时数要 2 000 h 以上，除陕西南部、湖北南部、湖南、重庆、四川东部、广西、广东、福建、江西、浙江等年日照时数小于 2 000 h，其他地区均适宜。

综合 4 个指标（表 4 - 14，图 4 - 7），我国适宜白三叶种子生产的区域主要包括云南、贵州西部、四川中部和南部、甘肃陇东、陕西、山西、河南、北京、天津、河北、山东、湖北南部、安徽中部和北部、江苏等地区（图 4 - 8）。

表 4-14　白三叶种子生产适宜气候条件

气候条件	范　围
无霜期	＞120 d
年均降雨量	＜1 500 mm
≥10 ℃积温	＞3 500 ℃
日照时数	＞2 000 h

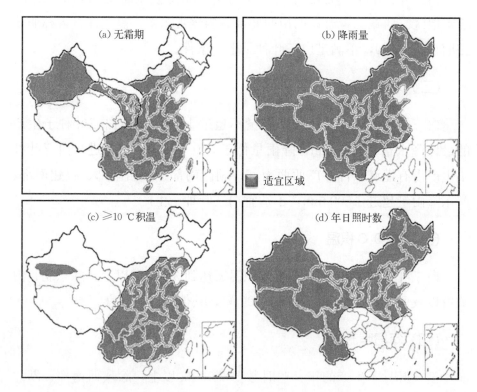

图 4-7　白三叶种子生产适宜气候分布区

三、白三叶专业化种子生产区

根据白三叶种子生长发育特性和我国气候分布类型，满足生产条件的地区均可进行白三叶种子生产。但是小规模的育种、种子生产可采用就近原则，而规模化、专业化的白三叶种子生产，则需要结合我国光、

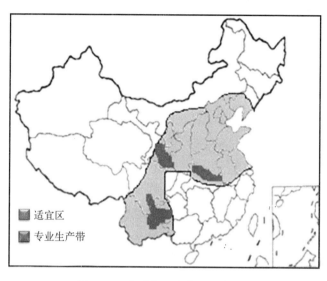

图 4-8　全国白三叶种子生产区域

温、水等资源分布，建立适宜的种子生产区域。根据查阅的文献和相关资料，依据现有的种子生产区，确定西南、华中和西北白三叶种子生产带。

（一）西南白三叶种子生产带

包括云南省昆明市寻甸县、马龙县马鸣乡、文山州广南县、曲靖市沿江乡；贵州省毕节市威宁县、织金县，六盘水市水城县，黔南布依族苗族自治州长顺县、惠水县、龙里县；四川省凉山彝族自治州。云南省白三叶种子生产带位于东经 $103°15'\sim105°03'$，北纬 $24°02'\sim26°06'$，海拔高度为 $1\,227\sim2\,450$ m，属于亚热带季风湿润气候区（表 4-15），年均降雨量 $800\sim1\,000$ mm，年平均气温 $12.1\sim13.4$ ℃，无霜期$240\sim265$ d。土壤类型为山地红壤、黄砂壤和砖红壤。云南省主要生产的白三叶品种为海法，收获时间为 6 月中下旬，生育天数为 65 d，平均种子产量为 578 kg/hm²。贵州省白三叶种子生产带位于东经 $104°16'\sim106°58'$，北纬 $26°01'\sim26°51'$，海拔高度为 $972\sim2\,172$ m，属于亚热带湿润季风气候，年均降雨量 $739\sim1\,436$ mm，年均气温 $11.2\sim15$ ℃，无霜期

210～327 d，土壤类型为黄棕壤。贵州省种植的白三叶品种为贵州白三叶，收获时间集中在每年的 8—10 月，生育天数为 210～270 d，四川省白三叶种子生产带位于东经 102°15′，北纬 27°53′，海拔高度为 1 590 m，属于亚热带湿润季风气候，年平均气温 16～17 ℃，无霜期 272 d。

表 4-15　西南白三叶种子生产带气候条件

气候条件	范　围
无霜期	210～327 d
年均降雨量	700～1 500 mm
≥10 ℃积温	3 800 ℃
日照时数	>2 000 h

（二）华中白三叶种子生产带

包括湖北省襄阳区、武昌区、随州市，恩施土家族苗族自治州建始县，湖南省益阳市安化县（表 4-16）。湖北省白三叶种子生产带位于东经 109°43′～114°18′，北纬 30°33′～32°0′，海拔高度为 27～555 m，属于亚热带季风性湿润气候，年均降雨量 800～1 500 mm，年均气温 11.7～14 ℃，无霜期 203～300 d，土壤类型为黄棕壤。湖南省白三叶种子生产带位于东经 108°50′～111°12′，北纬 24°29′～28°22′，海拔高度为 92～1 700 m，属于亚热带季风湿润气候区，年均降雨量 1 200～1 385 mm，年均气温 12.3～16.2 ℃，无霜期 275 d，土壤类型为红黄壤。

表 4-16　华中白三叶种子生产带气候条件

气候条件	范　围
无霜期	203～300 d
年均降雨量	800～1 500 mm
≥10 ℃积温	3 500～4 148 ℃
日照时数	2 594～2 914 h

（三）西北白三叶种子生产带

主要包括甘肃省天水市清水县和麦积区，位于东经 105°53′～106°07′，北纬 34°34′～34°45′，海拔高度为 1 089～1 376 m，属温带大陆性季风气候区（表 4-17），年均降雨量 500～600 mm，年均气温 9.6～14 ℃，无霜期 170 d。土壤类型为黄褐土。白三叶种子的收获时间为 6 月下旬，生育天数为 190 d。

表 4-17　西北白三叶种子生产带气候条件

气候条件	范　围
无霜期	＞170 d
年均降雨量	500～600 mm
≥10 ℃积温	3 500 ℃
日照时数	2 000～2 600 h

第五章 六种禾本科牧草种子专业化生产的地域性要求

禾本科牧草种类繁多，分布广，具有较强的耐牧性和再生性，营养价值高、生命力强，适应性广，是饲用植物中重要的一个科。我国约有190余属，1 200多种。在栽培饲草和饲用作物中，禾本科植物种类居首，如栽培牧草无芒雀麦、多花黑麦草、冰草、羊草、老芒麦、披碱草、鸭茅等。至2018年，全国草品种审定委员会审定登记的禾本科植物，包括48属99种293个品种，多年生禾草中，以多年生黑麦草、高羊茅、无芒雀麦、鸭茅、狗牙根等品种居多。

第一节 羊 草

一、生物学特性

羊草〔*Leymus chinensis*（Trin.）Tzvel.〕为喜温耐寒的多年生根茎型禾草，分布于北半球的温带和寒温带，以寒冷地方为多。冬季在−42℃而又少雪的地方都能安全越冬。种子发芽的最低温度为8℃左右。如果水分充足，播种后10～15 d就能出苗，20～25℃时出苗快且整齐。羊草喜湿润的沙壤质栗钙土和黑钙土，在pH 5.5～9.4时皆可生长，最适pH 6.0～8.0。在排水不良的草甸土或盐化土、碱化土中生长良好，但不耐水淹，长期积水会大量死亡。羊草在湿润年份，茎叶茂盛常不抽穗；在干旱年份能抽穗结实。羊草根茎发达，根茎上具有潜伏芽，有很强的无性更新能力。早春返青早，生长速度快，秋季休眠晚，青草利用时间长。生育期可达150 d左右。生长年限长达10～20年。

二、羊草种子生产条件及适宜种植区

(一) 无霜期

羊草种子生产无霜期需 90 d 以上，但在甘肃和青海交界的祁连山无霜期少于 90 d，未达到无霜期要求，其他地方均满足要求。

(二) 年均降雨量

羊草种子生产需年均降雨量为 300～800 mm，雨水过多，不利于羊草种子的结实、发育、成熟和收获。降雨量低于 300 mm 的地区，进行羊草种子生产需有灌溉条件。长江以南的地区年均降雨量超过800 mm，不适宜羊草种子生产。

(三) ≥10 ℃积温

羊草种子生产对积温要求较低，≥10 ℃有效积温超过 1 400 ℃即可，除黑龙江最北部和西藏、青海西南部，其他地区均适宜。

(四) 年日照时数

羊草种子生产年日照时数需大于 2 000 h，除陕西南部、湖北南部、湖南、重庆、四川东部、广西、广东、福建、江西、浙江等年日照时数小于 2 000 h，其他地区均适宜。综合 4 个关键指标（表 5-1，图 5-1），我国华北、西北、东北大部分地区均适合羊草种子生产（图 5-2）。

表 5-1　羊草种子生产适宜气候条件

气候条件	范　围
无霜期	>90 d
年均降雨量	<800 mm
≥10 ℃积温	>1 400 ℃
日照时数	>2 000 h

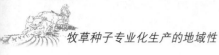

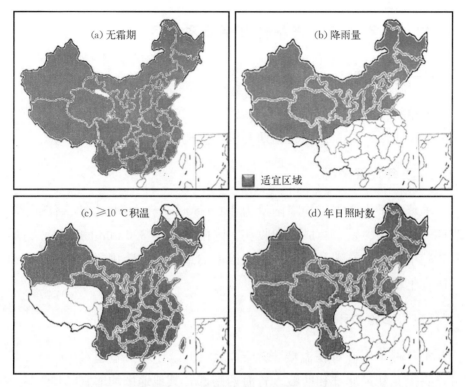

图 5-1 羊草种子生产适宜气候分布区

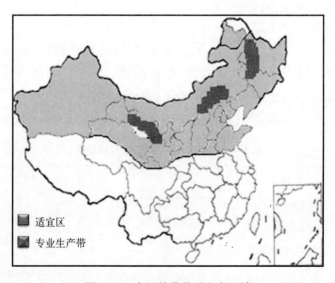

图 5-2 全国羊草种子生产区域

三、羊草专业化种子生产区

根据羊草种子生长发育特性和我国气候分布类型，满足羊草种子生产条件的地区均可进行种子生产。但是小规模的育种、种子生产可采用就近原则，而规模化、专业化的羊草种子生产，则需要结合我国光、温、水等资源分布，选择适宜的区域进行种子生产和经营。根据查阅的文献和相关资料，依据现有的种子生产区，确立东北、冀蒙、甘肃河西走廊羊草种子生产带。

（一）东北羊草种子生产带

包括黑龙江省大庆市的红岗区、大同区、肇源县、肇州县，绥化市的安达市、肇东县、兰西县、青冈县、明水县，吉林省的松原市乾安县、长岭县等，位于北纬 $43°59'\sim47°51'$，东经 $123°06'\sim132°48'$。属温带半干旱大陆性季风气候（表 5-2），春季干旱少雨风大，夏季温暖潮湿多雨。年均降雨量 $400\sim500$ mm，年平均气温 $3.0\sim6.2$ ℃，无霜期 $130\sim145$ d，土壤类型为草甸土和风沙土、黑土、黑钙土和栗钙土，土壤 pH $7.0\sim8.8$。

表 5-2　东北羊草种子生产适宜区气候条件

气候条件	范　围
无霜期	$130\sim145$ d
年均降雨量	$400\sim500$ mm
≥10 ℃积温	$2\,000\sim3\,300$ ℃
日照时数	$2\,600\sim2\,900$ h

（二）冀蒙羊草种子生产带

包括内蒙古赤峰市的喀喇沁旗、元宝山区和宁城县，河北承德市的隆化县、丰宁满族自治县，张家口市沽源县等，位于北纬 41°44′～41°57′，东经 115°39′～119°25′，属大陆性季风气候（表 5-3），年均降雨量 297～458 mm，年平均气温 1.0～6.9 ℃，无霜期 90～150 d。土壤为栗钙土、棕壤土、褐土等，土壤 pH 7.4～8.2。

表 5-3　冀蒙羊草种子生产适宜区气候条件

气候条件	范　围
无霜期	90～150 d
年均降雨量	297～458 mm
≥10 ℃积温	2 700～3 100 ℃
日照时数	2 700～3 200 h

（三）甘肃河西走廊羊草种子生产带

包括甘肃省肃州区、玉门区、敦煌市、金塔县、高台县、临泽县、民乐县，青海的祁连县等，位于北纬 37°25′～39°59′，东经 98°20～101°02′。年均降雨量 50～600 mm，年均温 5.8～9.3 ℃，昼夜温差平均 15 ℃左右，一天可有四季（表 5-4）。夏季降水的主要来源是侵入本区的夏季风，气候干燥、冷热变化剧烈，风大沙多，自东而西年降雨量渐少，干燥度渐大，降水年际变化大，土壤主要为风沙土和棕漠土。

表 5-4　甘肃河西走廊羊草种子生产适宜区气候条件

气候条件	范　围
无霜期	130～160 d
年均降雨量	50～600 mm
≥10 ℃积温	2 500～3 000 ℃
日照时数	3 000～4 000 h

第二节 无芒雀麦

一、生物学特性

无芒雀麦（*Bromus inermis* Leyss.）为禾本科雀麦属多年生牧草，以抗旱、抗寒和高产而著称，对气候的适应性非常强，特别适于寒冷干燥地区生长，土壤温度稳定在 3～5 ℃时返青，20～26 ℃是其根系和地上部分生长最适宜的温度。冬季最低温度在 −28～−30 ℃的地区也能正常生长，在有雪覆盖，−48 ℃低温的情况下，越冬率仍可达到 85%以上。土壤的适应能力强，能顺利在 pH 8.5、土壤含盐量为 0.3%、钠离子含量超过 0.02%的盐碱地上生长。最适于年均降雨量 400～600 mm 的地区种植。无芒雀麦为温带牧草，主要分布在我国西北、东北和华北地区。

二、无芒雀麦种子生产条件及适宜种植区

（一）无霜期

无芒雀麦种子生产无霜期需 90 d 以上，但在甘肃省和青海省交界的祁连山无霜期低于 90 d，未达到无霜期要求，其他地方均可。

（二）年均降雨量

无芒雀麦种子生产要求年均降雨量为 300～800 mm，雨水过多，不利于种子结实、发育、成熟和收获。降雨量低于 300 mm 但有灌溉条件的地区，适时灌溉也能满足无芒雀麦种子生产。长江以南的地区，降雨量均超过 800 mm，不满足无芒雀麦种子生产的降雨量条件。

（三）≥10 ℃积温

无芒雀麦种子生产≥10 ℃积温应不低于 1 500 ℃。除黑龙江最北部和西藏、青海西南部，其他地区均适宜。

（四）年日照时数

无芒雀麦种子生产年日照时数 2 000 h 以上，除陕西南部、湖北南部、湖南、重庆、四川东部、广西、广东、福建、江西、浙江等年日照时数小于 2 000 h，其他地区均适宜。综合 4 个关键指标（表 5-5，图 5-3），我国华北、西北、东北大部分地区均适合无芒雀麦种子生产（图 5-4）。

表 5-5　无芒雀麦种子生产适宜气候条件

气候条件	范　围
无霜期	>90 d
年均降雨量	<800 mm
≥10 ℃积温	>1 500 ℃
日照时数	>2 000 h

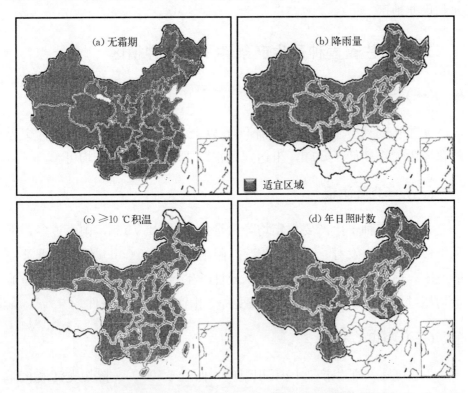

图 5-3　无芒雀麦种子生产适宜气候分布区

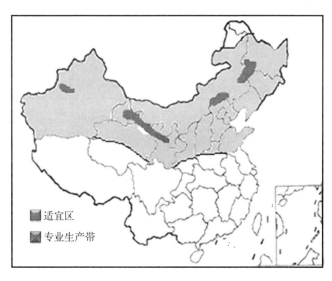

图5-4　全国无芒雀麦种子生产区域

三、无芒雀麦专业化种子生产区

根据无芒雀麦种子生长发育特性和我国气候分布类型，满足无芒雀麦种子生产条件的地区均可进行种子生产。但是小规模的育种、种子生产可采用就近原则，而规模化、专业化的无芒雀麦种子生产，则需要结合我国光、温、水等资源分布，选择适宜的区域建立专业化种子生产带。根据各地区进行的无芒雀麦种子生产田间实验数据，以及我国农牧区分布情况，确定东北、蒙冀、新疆及甘肃河西走廊地区为适宜的无芒雀麦种子生产带。

（一）东北无芒雀麦种子生产带

黑龙江省齐齐哈尔市的富拉尔基区、昂昂溪区，大庆市的杜尔伯特蒙古族自治县、让胡路区、沙尔图区、龙凤区、肇源县、肇州县，绥化市的安达市、肇东县、兰西县，哈尔滨市的呼兰区，吉林省的松原市乾安县、长岭县、扶余市，长春市的农安县等，位于北纬 44°04′～47°15′，东经 123°41′～125°41′。属温带半湿润地区的大陆性季风气候（表5-6），

平均降雨量 450～600 mm，年平均气温 3.3～5.6 ℃，极端最低温
－40 ℃，最高温 38 ℃。无霜期 130～150 d，土壤为黑钙土、黑风沙土
等，土壤 pH 6.5～8.0。

表 5-6　东北无芒雀麦种子生产适宜气候条件

气候条件	范围
无霜期	130～150 d
年均降雨量	450～600 mm
≥10 ℃积温	2 000～3 300 ℃
日照时数	2 600～2 900 h

（二）冀蒙无芒雀麦种子生产带

包括内蒙古赤峰市的喀喇沁旗、元宝山区和宁城县，河北承德市的
隆化县、丰宁满族自治县，张家口市沽源县等，位于北纬 41°44′～
41°57′，东经 115°39′～119°25′。属大陆性季风气候（表 5-7）。年均降
雨量 297～458 mm，年均气温 1.0～6.9 ℃，无霜期 90～150 d。土壤为
栗钙土、棕壤土、褐土等，土壤 pH 7.4～8.2。

表 5-7　冀蒙无芒雀麦种子生产适宜区气候条件

气候条件	范围
无霜期	90～150 d
年均降雨量	297～800 mm
≥10 ℃积温	2 700～3 100 ℃
日照时数	2 700～3 200 h

（三）新疆及甘肃河西走廊无芒雀麦种子生产带

包括新疆的乌苏市和塔城市、青海省海晏县、湟源县、互助土族自
治县、乐都区、民和回族土族自治县，甘肃省高台县、临泽县、民乐县、

永昌县、榆中县、会宁县，位于北纬 $36°58'\sim45°18'$，东经 $83°21'\sim$ $100°52'$。年均降雨量 $50\sim442$ mm，年平均温度 $-0.1\sim9$ ℃，极端最低温 -37.5 ℃，极端最高温 42.2 ℃，无霜期 $130\sim187$ d（表 5-8）。土壤沙壤土、草甸土为主，土壤 pH $7.0\sim8.5$。

表 5-8　新疆及甘肃河西走廊无芒雀麦种子生产适宜区气候条件

气候条件	范　围
无霜期	$130\sim187$ d
年均降雨量	$50\sim442$ mm
$\geqslant10$ ℃积温	$2\,000\sim3\,000$ ℃
日照时数	$2\,600\sim4\,000$ h

第三节　冰　草

一、生物学特性

冰草［Agropyron cristatum（Linn.）Gaertn.］也称扁穗冰草、羽状小麦草，为禾本科多年生旱生禾草，是温带干旱地区最重要的牧草之一。抗旱、耐寒、耐牧，结实率高，在放牧地补播和建立旱地人工草地中具有重要的作用，它又是一种良好的水土保持植物和固沙植物，适于在干燥寒冷地区生长，但不耐涝。冰草喜欢生长在草原地区的栗钙土壤上，对土壤要求不严，在轻壤土、重壤土、沙质土上均可生长，不宜在酸性强的土壤或沼泽、潮湿的土壤上种植。在平地、丘陵和山坡排水较好及干燥地区长势也非常好。在我国北方大部分地区均可种植，最适于年均降雨量 $250\sim600$ mm，$\geqslant0$ ℃积温 $2\,500\sim3\,500$ ℃地区种植。

二、冰草种子生产条件及适宜种植区

（一）无霜期

冰草种子生产无霜期需 100 d 以上，但甘肃省和青海省交界的祁连山无霜期低于 100 d，未达到无霜期要求，其他地方均可。

（二）年均降雨量

冰草种子生产要求年均降雨量应小于 600 mm，雨水过多（大于 600 mm），不利于冰草结实、种子发育成熟和收获，我国南方的大部分地区降雨量均超过 600 mm，不适合冰草种子生产。我国北方干旱地区，当降雨量低于 250 mm 时，进行冰草种子生产需要有灌溉条件。

（三）≥10℃积温

冰草种子生产所需≥10℃积温不低于 2 200℃，但在黑龙江最北部，西藏、青海、四川西北部等积温达不到 2 200℃，不适宜冰草种子生产，其他地区积温均满足冰草种子生产。

（四）年日照时数

满足冰草种子生产的最少日照时数为 2 000 h，除陕西南部、湖北南部、湖南、重庆、四川东部、广西、广东、福建、江西、浙江等年日照时数小于 2 000 h，其他地区均适宜。综合 4 个关键指标（表 5-9，图 5-5），我国适宜冰草种子生产的区域包括新疆、甘肃、宁夏、陕西北部、山西北部、河北北部、北京、天津、内蒙古、辽宁西部、吉林和黑龙江（最北部除外）（图 5-6）。

表 5-9　冰草种子生产适宜气候条件

气候条件	范围
无霜期	>100 d
年均降雨量	<600 mm
≥10℃积温	>2 200℃
日照时数	>2 000 h

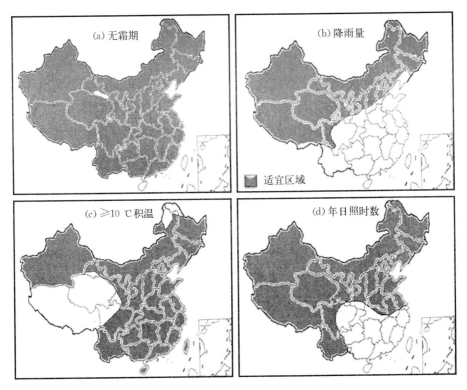

图 5-5 冰草种子生产适宜气候分布区

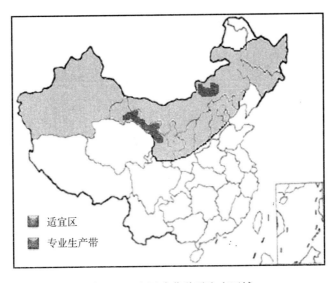

图 5-6 全国冰草种子生产区域

三、冰草专业化种子生产区

根据冰草种子生产发育特性和我国气候分布类型，满足冰草种子生产条件的地区均可进行种子生产。但是小规模的育种、种子生产可采用就近原则，而规模化、专业化的冰草种子生产，则需要结合我国的光、温、水等资源分布，选择适宜的区域建立专业化种子生产带。目前，全国冰草种子生产田总面积为 2 920 hm²，主要分布在内蒙古、河北和甘肃，其中内蒙古种子生产田面积最大，其次是河北省。根据当地气候特征、土壤类型以及现有的冰草种子田分布情况，确定冀蒙和甘肃河西走廊地区为冰草种子生产带。

（一）冀蒙冰草种子生产带

位于北纬 41°14′～45°26′，东经 111°08′～116°55′，海拔高度为 1 150～1 800 m，包括内蒙古自治区锡林郭勒盟阿巴嘎旗、多伦县、苏尼特左旗、太仆寺旗、正蓝旗、正镶白旗、苏尼特右旗和河北省沽源县。年均降雨量为 177.2～385.5 mm，年平均温度为 0.7～4.4 ℃，年日照时数为 2 616～3 246 h，无霜期 100～135 d，土壤类型为沙质栗钙土、棕钙土、草甸土以及黑钙土等（表 5 - 10）。除适合种植冰草外，还适合蓝茎冰草、沙生冰草、杂种冰草和蒙古冰草等种类。

表 5 - 10　冀蒙种子生产带气候条件

气候条件	范　围
无霜期	100～135 d
年均降雨量	177～386 mm
≥10 ℃积温	2 500～3 000 ℃
日照时数	2 616～3 246 h

（二）甘肃河西走廊冰草种子生产带

位于甘肃省西北部祁连山和北山之间，东西长约 1 200 km，南北宽

100～200 km，因为位置在黄河以西，所以叫"河西走廊"，主要包括甘肃省的武威、张掖、金昌、酒泉和嘉峪关，地势平坦，海拔 1 500 m 左右，沿河冲积平原形成武威、张掖、酒泉等大片绿洲，在河西走廊山地的周围，由山区河流搬运下来的物质堆积于山前，形成相互毗连的山前倾斜平原，在较大的河流下游，还分布着冲积平原。这些地区地势平坦、土质肥沃、引水灌溉条件好，便于开发利用，是河西走廊绿洲主要的分布地区。河西走廊气候干旱，许多地方年均降雨量不足 200 mm，但祁连山冰雪融水丰富，灌溉农业发达，当地云量稀少，自东而西年降水量渐少，干燥度渐大。昼夜温差平均 15 ℃ 左右，一天可有四季。日照时间较长，全年日照可达 2 550～3 500 h，光照资源丰富，对植物的生长发育十分有利（表 5 - 11）。走廊西部分布棕色荒漠土，中部为灰棕荒漠土，走廊东部则为灰漠土、淡棕钙土和灰钙土。

表 5 - 11 甘肃河西走廊气候条件

气候条件	范 围
无霜期	130～160 d
年均降雨量	50～600 mm
≥10 ℃积温	2 500～3 000 ℃
日照时数	3 000～4 000 h

第四节 鸭 茅

一、生物学特性

鸭茅（*Dactylis glomerata* L.）为禾本科鸭茅属多年生草本植物，具有较强的抗寒性、抗旱性和耐阴性，适宜范围广、饲用价值高。适宜温暖湿润的气候条件，昼夜温差过大对鸭茅生长不利，以昼温 22 ℃，夜温 12 ℃最好，耐热性差，高于 28 ℃ 则生长受阻，最适生长温度为 10～28 ℃。最适宜年均降雨量为 600 mm。对土壤的适应范围较广，但在肥沃的山地黑钙土和暗栗钙土上生长发育较好，适宜的土壤 pH 5.5～7.5。略耐酸，不耐盐碱；喜水，但不耐水淹。

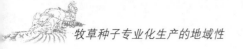

二、鸭茅种子生产条件及适宜种植区

(一) 无霜期

鸭茅种子生产无霜期需 90 d 以上，但在甘肃省和青海省交界的祁连山无霜期低于 90 d，未达到无霜期要求，其他地方均可。

(二) 年均降雨量

鸭茅种子生产要求年均降雨量不超过 1 500 mm，雨水过多，不利于鸭茅结实、种子发育、成熟以及收获。降雨量低于 250 mm 的地区，有便利的灌溉条件，也能满足种子生产需要。

(三) ≥10 ℃积温

鸭茅种子生产≥10 ℃积温应不低于 2 200 ℃，但在黑龙江最北部，西藏、青海、四川西北部等积温达不到 2 200 ℃，不适宜鸭茅种子生产，其他地区积温均满足鸭茅种子生产。

(四) 年日照时数

鸭茅进行种子生产年日照时数需超过 1 000 h，我国大部分地区年日照时数均超过 1 000 h，少数地区平均日照时数在 1 000 h 以下，如四川的荥经、庐山、宝兴等地区。综合 4 个关键指标（表 5-12，图 5-7），我国适宜鸭茅种子生产的地区包括新疆、甘肃、内蒙古、黑龙江、吉林、辽宁、河北、北京、天津、河南、山东、山西、陕西、宁夏、江苏、安徽北部、湖南北部、重庆北部、四川东部等地区（图 5-8）。

表 5-12 鸭茅种子生产适宜气候条件

气候条件	范 围
无霜期	>90 d
年均降雨量	<1 500 mm
≥10 ℃积温	>2 200 ℃
日照时数	>1 000 h

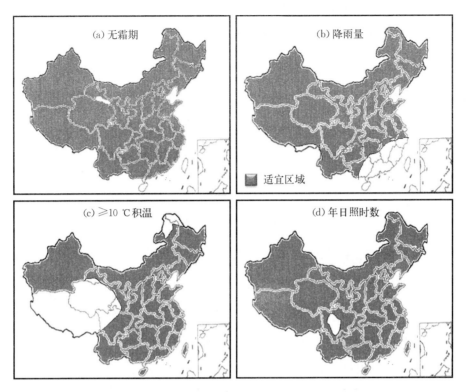

图 5-7 鸭茅种子生产适宜气候分布区

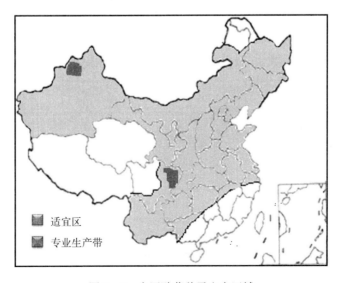

图 5-8 全国鸭茅种子生产区域

三、鸭茅专业化种子生产区

根据鸭茅种子生长发育特性和我国气候分布类型，满足鸭茅种子生产条件的地区均可进行种子生产。但是小规模的育种、种子生产可采用就近原则，而规模化、专业化的鸭茅种子生产，则需要结合我国的光、温、水等资源分布，选择适宜的区域建立专业化种子生产带。在全国鸭茅种子生产田中，新疆的面积最大，其次是四川。根据各地的气候特征、土壤类型以及现有鸭茅种子田分布情况，从全国范围内规划出新疆北部和四川盆地东北部为鸭茅种子生产带。

（一）新疆北部鸭茅种子生产带

位于东经 81°46′～85°20′，北纬 44°2′～46°3′，包括天山山脉北部和准噶尔盆地西部，具体为独山子区、精河县、乌苏市、奎屯、石河子、托里、裕民，属于温带大陆性气候（表 5 - 13），年平均温度为 4.3～8.1 ℃，极端最高气温 37.9 ℃，极端最低气温−36.6 ℃，年均降雨量为 102～280 mm，但地表水及地下水资源丰富，拥有博尔塔拉河、精河、奎屯河、四棵树河、古尔图河等，河流较多，可供灌溉。空气干燥，日照时间长，阳光充足。

表 5 - 13　新疆维吾尔自治区北部气候条件

气候条件	范 围
无霜期	150～170 d
年均降雨量	102～280 mm
≥10 ℃积温	3 000～3 500 ℃
日照时数	2 600～3 200 h

（二）四川盆地东北部鸭茅种子生产带

主要包括巴州区、通江县、平昌县、达州市、通川区、开江县、大竹县、渠县。属于温带海洋性气候（表 5-14），该区域海拔高度为 324～695 m，年平均气温为 16～18 ℃，雨水较丰富，年均降雨量为 1 172～1 473.5 mm，无霜期为 285～317 d，年日照时数 1 052～1 400 h，土壤类型为黏壤土、黄壤土，pH 6.6。

表 5-14　四川盆地东北部气候条件

气候条件	范　围
无霜期	285～317 d
年均降雨量	1 172～1 474 mm
≥10 ℃积温	3 000～3 500 ℃
日照时数	1 052～1 400 h

第五节　垂穗披碱草

一、生物学特性

垂穗披碱草（*Elymus nutans* Griseb.）是禾本科披碱草属多年生草本植物。其抗寒能力强，在极端低温（-46.6 ℃）条件下，越冬率仍能达 93% 以上。种子发芽要求 4 ℃ 以上的气温，最适气温为 16～25 ℃，幼苗能耐 -9 ℃ 的霜冻，抗旱性较强，但幼苗抗旱力稍差，适宜降雨量为 250～400 mm，适应高寒湿润的环境条件。对土壤的适应性也较广，在 pH 7.0～8.1 的土壤上生长发育良好。分布于我国内蒙古、河北、甘肃、青海、西藏、四川等省区。

二、垂穗披碱草种子生产条件及适宜种植区

（一）无霜期

垂穗披碱草种子生产无霜期需 100 d 以上，但在甘肃省和青海交界

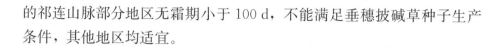

的祁连山脉部分地区无霜期小于 100 d，不能满足垂穗披碱草种子生产条件，其他地区均适宜。

（二）年均降雨量

垂穗披碱草种子生产要求年均降雨量为 150～600 mm，雨水过多，不利于结实、种子发育、成熟及收获。降雨量低于 150 mm 的地区，满足灌溉条件，也能进行垂穗披碱草种子生产。我国南方的大部分地区降雨量均超过 600 mm，不适合种子生产。

（三）≥10 ℃ 积温

垂穗披碱草种子生产需要的≥10 ℃ 积温应不低于 1 600 ℃，除黑龙江最北部、西藏、青海南部，其他地区均满足。

（四）年日照时数

垂穗披碱草种子生产所需年日照时数超过 2 000 h，除陕西南部、湖北南部、湖南、重庆、四川东部、广西、广东、福建、江西、浙江等年日照时数小于 2 000 h，其他地区均适宜。

综合 4 个关键指标（表 5-15，图 5-9），我国适宜垂穗披碱草种子生产的区域包括新疆、甘肃、内蒙古（呼伦贝尔北部除外）、宁夏、青海北部、四川东部、陕西北部、山西北部、河北北部、北京、天津、辽宁西部、吉林及黑龙江（大兴安岭除外）等地区（图 5-10）。

表 5-15　垂穗披碱草种子生产适宜气候条件

气候条件	范　围
无霜期	＞100 d
年均降雨量	≤600 mm
≥10 ℃ 积温	＞1 600 ℃
日照时数	＞2 000 h

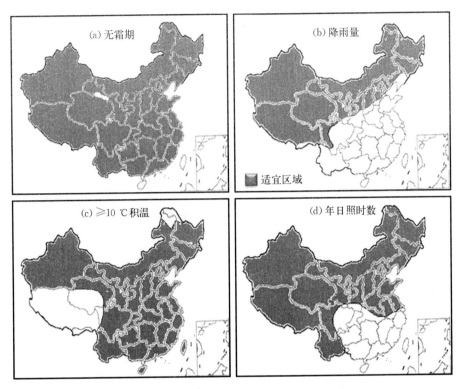

图5-9 垂穗披碱草种子生产适宜气候分布区

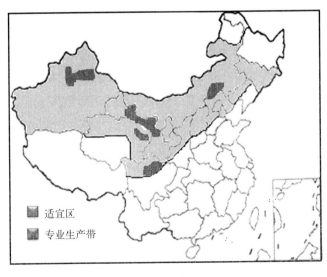

图5-10 全国垂穗披碱草种子生产区域

三、垂穗披碱草种子专业化种子生产区

根据垂穗披碱草种子生长发育特性和我国气候分布类型，满足垂穗披碱草种子生产条件的地区均可进行种子生产。但是小规模的育种、种子生产可采用就近原则，而规模化、专业化的垂穗披碱草种子生产，则需要结合我国的光、温、水等资源，选择适宜的区域建立种子生产带。夏季干旱少雨、日照时数充足的气候条件对垂穗披碱草种子的产量和质量有很大提升，再根据现有种子田的生产情况、各地的气候条件和科学研究，确定垂穗披碱草种子生产带为冀蒙种子生产带（内蒙古的锡林郭勒盟与河北的坝上地区）、甘肃河西走廊种子生产带、新疆天山北麓种子生产带、青海种子生产带（环青海湖地区）和川西北高原种子生产带。

（一）冀蒙种子生产带

包括内蒙古锡林郭勒盟的多伦县、正蓝旗、太卜寺旗、正镶白旗，河北张家口市的张北县、康保县、尚义县、沽源县、察北管理区、塞北管理区及承德市的围场满族蒙古族自治县、丰宁满族自治县。位于东经 113°49′～118°14′，北纬 43°15′～40°54′，属半干旱大陆季风气候（表 5-16），海拔在 1 300～1 600 m，无霜期 100 d 左右，年均降雨量 297～430 mm，主要集中在 7、8、9 三个月，年日照时数 2 930.9 h。

表 5-16 冀蒙种子生产带气候条件

气候条件	范　围
无霜期	100～120 d
年均降雨量	297～430 mm
≥10 ℃积温	2 500～3 000 ℃
日照时数	＞2 931 h

（二）甘肃河西走廊种子生产带

包括酒泉、张掖、武威，河西走廊属大陆性干旱气候，冬春二季常形成寒潮天气，夏季降水的主要来源是侵入本区的夏季风，气候干燥、

冷热变化剧烈，风大沙多（表5-17）。自东而西年降水量渐少，年均降雨量只有200 mm左右，干燥度渐大。年均温5.8～9.3 ℃，但绝对最高温可达42.8 ℃，绝对最低温为−29.3 ℃，年日照时数3 000～3 336 h。

表5-17 甘肃河西走廊垂穗披碱草种子生产适宜区气候条件

气候条件	范 围
无霜期	130～160 d
年均降雨量	50～200 mm
≥10 ℃积温	2 500～3 000 ℃
日照时数	3 000～3 336 h

（三）新疆天山北麓种子生产带

适合种子生产地区有昌吉、玛纳斯、呼图壁、阜康、吉木萨尔、奇台、木垒，地处天山北麓、准噶尔盆地东南部，位于东经85°17′～91°32′，北纬43°06′～45°38′，东西长500 km，南北宽285 km。天山北麓属大陆干旱性气候（表5-18），海拔为650～5 445 m。年均气温4.7～7.0 ℃，冬季气温寒冷，最低温度在−36.0～−43.2 ℃；夏季气候炎热，最高气温36.0～43.5 ℃；平原年均降雨量为150～200 mm，全年日光照数为2 598.2～3 226.4 h，无霜期155 d。

表5-18 天山北麓气候条件

气候条件	范 围
无霜期	150～170 d
年均降雨量	150～200 mm
≥10 ℃积温	3 000～3 500 ℃
日照时数	2 598～3 226 h

（四）青海种子生产带

适合种子生产的地区有海北藏族自治州，海南藏族自治州，位于北纬34°38′～39°05′，东经98°05′～102°41′，海拔2 160～5 305 m，属高原大陆性气候（表5-19），年均降雨量300～500 mm，年日照时数在

2 440~3 140 h，土壤以高山草甸土和山地草甸土为主，兼有黑钙土、栗钙土、灰褐土等，有机质含量丰富，有利于牧草生长。在海北藏族自治州三角城的试验表明，垂穗披碱草种子产量为 1 432~1 856 kg/hm²。

表 5-19　青海种子生产带气候条件

气候条件	范　围
无霜期	150~170 d
年均降雨量	300~500 mm
≥10 ℃积温	3 000~3 500 ℃
日照时数	2 440~3 140 h

（五）川西北高原种子生产带

包括四川省阿坝藏族羌族自治州、甘孜藏族自治州，东从诺尔盖起，向南经红原、黑水、马尔康、小金、丹巴、康定，南以九江、雅江、理塘、巴塘等高山深谷为界，地处青藏高原东南缘。位于东经 97°22′~104°27′，北纬 27°58′~34°19′，面积约 2 300 万 hm²，是青藏高原与云贵高原、四川盆地之间的过渡地带。高原面海拔多在 3 000~4 500 m，西北高东南低，波状起伏，谷地宽浅，丘顶浑圆。川西北高原地区的气候差异明显（表 5-20），高山峡谷区年均温 6~12 ℃，5—9 月为雨季，雨量少。区内的得荣县和乡城县一带十分干旱，得荣县年均降雨量仅 336 mm。区内大多数谷地降雨量少，相对湿度小，干旱河谷特征显著。气候的垂直差异明显，气温随海拔升高而骤降，具有"一山四季"的特点。高原区年均温低于 6 ℃，最冷月均温低达－20 ℃。6—9 月为雨季，雨量亦少。日照时数长。在红原县的试验表明，垂穗披碱草种子产量为 1 237~4 750 kg/hm²。

表 5-20　川西北高原气候条件

气候条件	范　围
无霜期	>220 d
年均降雨量	300~600 mm
≥10 ℃积温	2 000~2 400 ℃
日照时数	>2 200 h

第六节　老芒麦

一、生物学特性

老芒麦（*Elymus sibiricus* L.）为禾本科披碱草属多年生草本植物，具有适应性强，粗蛋白含量高、适口性好和易栽培等优良特性，可用于建植人工草地和放牧草地，对退化草地改良和种草养畜具有重要意义。其抗寒能力强，在 $-40\sim-30\ \text{℃}$ 的低温和海拔 $4\,000\ \text{m}$ 左右的高原能安全越冬。适宜于在年均降雨量为 $400\sim500\ \text{mm}$ 的地区生长。对土壤要求不严，适于在弱酸性或弱碱性腐殖质多的土壤上生长。广泛分布于我国内蒙古、河北、甘肃、青海、西藏、四川等省区。

二、老芒麦种子生产条件及适宜种植区

（一）无霜期

老芒麦种子生产无霜期需 $100\ \text{d}$ 以上，但在甘肃省和青海省交界的祁连山脉部分地区，无霜期小于 $100\ \text{d}$，未达到无霜期要求，其他地区均满足。

（二）年均降雨量

老芒麦种子生产要求年均降雨量为 $150\sim600\ \text{mm}$，雨水过多（超过 $600\ \text{mm}$），不利于结实、种子发育、成熟及收获。有灌溉条件的地区，适时灌溉也能进行种子生产。南方的大部分地区降水量均超过 $600\ \text{mm}$，不适合老芒麦种子生产。

（三）≥10℃积温

老芒麦种子生产需要≥10 ℃积温应不低于 $1\,500\ \text{℃}$，除黑龙江最北部，西藏、青海南部等积温较小，其他地区均满足。

（四）年日照时数

老芒麦种子生产需年日照时数超过 $2\,000\ \text{h}$，除陕西南部、湖北南

部、湖南、重庆、四川东部、广西、广东、福建、江西、浙江等年日照时数小于 2 000 h，其他地区均适宜。

综合 4 个关键指标（表 5 - 21，图 5 - 11），我国适宜老芒麦种子生产的区域包括新疆、甘肃、内蒙古（呼伦贝尔北部除外）、宁夏、青海北部、四川东部、陕西北部、山西北部、河北北部、北京、天津、辽宁西部、吉林及黑龙江（大兴安岭除外）等地区（图 5 - 12）。

表 5 - 21　老芒麦种子生产适宜气候条件

气候条件	范　围
无霜期	＞100 d
年均降雨量	＜600 mm
≥10 ℃积温	＞1 500 ℃
日照时数	＞2 000 h

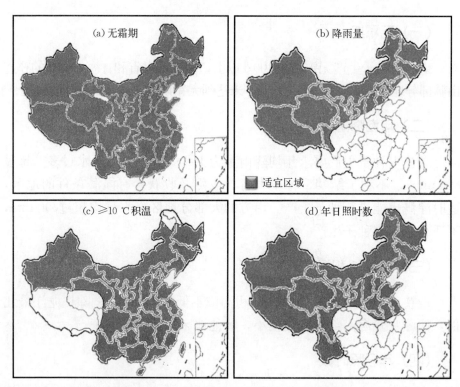

图 5 - 11　老芒麦种子生产适宜气候分布区

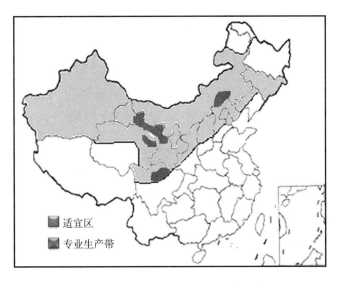

图 5-12 全国老芒麦种子生产区域

三、老芒麦专业化种子生产区

老芒麦是中日照植物，因此在种子生产中对日照时长要求不严，但较长的日照时数有利于种子生产。其开花最适温度是 25～30 ℃，最热月平均气温要高于 10 ℃，否则结实将受到影响。根据老芒麦生殖特性和各地的气候状况，老芒麦种子生产带划分为蒙冀种子生产带（内蒙古的锡林郭勒盟与河北的坝上地区）、甘肃河西走廊种子生产带、青海种子生产带（环青海湖地区）、川西北高原种子生产带。

（一）蒙冀种子生产带

包括内蒙古锡林郭勒盟的多伦县、正蓝旗、太卜寺旗、正镶白旗，河北张家口市的张北县、康保县、尚义县、沽源县、察北管理区、塞北管理区及承德市的围场满族蒙古族自治县、丰宁满族自治县。位于东经 113°49′～118°14′，北纬 43°15′～40°54′，属半干旱大陆季风气候（表 5-22），海拔在 1 300～1 600 m，年均降雨量 297～430 mm，主要集中在 7、8、9 三个月，无霜期 100 d 左右，年日照时数 2 930.9 h。在多伦县试验表明，老芒麦在当地种子产量为 508～1 146 kg/hm²；丰宁县试验表明，老芒麦种子产量为 $350\sim1\,477\ \text{kg/hm}^2$ 。

表 5-22　蒙冀种子生产带气候条件

气候条件	范　围
无霜期	$100\sim120\ \text{d}$
年均降雨量	$297\sim430\ \text{mm}$
≥10 ℃积温	$2\,500\sim3\,000\ \text{℃}$
日照时数	$2\,931\ \text{h}$

（二）甘肃河西走廊种子生产带

包括酒泉、张掖、武威地区，属大陆性干旱气候，冬、春二季常形成寒潮天气，夏季降水的主要来源是侵入本区的夏季风（表 5-23）。气候干燥、冷热变化剧烈，风大沙多。自东而西年降雨量渐少，干燥度渐大。年均温 $5.8\sim9.3\ \text{℃}$，但绝对最高温可达 $42.8\ \text{℃}$，绝对最低温为 $-29.3\ \text{℃}$，年均降雨量只有 $200\ \text{mm}$ 左右。日照时数 $3\,000\sim3\,336\ \text{h}$。酒泉市试验表明，老芒麦种子产量为 $725\sim1\,397\ \text{kg/hm}^2$。

表 5-23　甘肃河西走廊种子生产带气候条件

气候条件	范　围
无霜期	$130\sim160\ \text{d}$
年均降雨量	$50\sim200\ \text{mm}$
≥10 ℃积温	$2\,500\sim3\,000\ \text{℃}$
日照时数	$3\,000\sim3\,336\ \text{h}$

（三）青海种子生产带

青海省内适合种子生产的地区有海北藏族自治州、海南藏族自治州。位于北纬 $34°38'\sim39°05'$，东经 $98°05'\sim102°41'$，海拔 $2\,160\sim5\,305\ \text{m}$，属高原大陆性气候（表 5-24），年均降雨量 $300\sim500\ \text{mm}$，全年日照时数在 $2\,440\sim3\,140\ \text{h}$，土壤以高山草甸土和山地草甸土为主，兼有黑钙土、栗钙土、灰褐土等，有机质含量丰富，有利于牧草生长。

同德县试验表明，老芒麦种子产量为 610～1 050 kg/hm²。

表 5 - 24　青海种子生产带气候条件

气候条件	范　围
无霜期	150～170 d
年均降雨量	300～500 mm
≥10 ℃积温	3 000～3 500 ℃
日照时数	2 440～3 140 h

（四）川西北高原种子生产带

　　川西北高原带包括四川省阿坝藏族羌族自治州、甘孜藏族自治州，大致从诺尔盖起，向南经红原、黑水、马尔康、小金、丹巴、康定，南以九江、雅江、理塘、巴塘等高山深谷为界。地处青藏高原东南缘，位于东经 97°22′～104°27′，北纬 27°58′～34°19′，是青藏高原与云贵高原、四川盆地之间的过渡地带。高原面海拔在 3 000～4 500 m，西北高东南低，波状起伏，谷地宽浅，丘顶浑圆。川西北高原地区的气候差异明显（表 5 - 25）。高山峡谷区年均温 6～12 ℃。5—9 月为雨季，雨量少。区内的得荣县和乡城县一带十分干旱，得荣县年均降雨量仅 336 mm。区内大多数谷地降雨量少，相对湿度小，干旱河谷特征显著。气候的垂直差异明显，气温随海拔升高而骤降，具有"一山四季"的特点。高原区年均温低于 6 ℃，最冷月均温低达 -20 ℃。6—9 月为雨季，雨量亦少。日照时数长。在红原县的试验表明，老芒麦种子产量为 122～1 764 kg/hm²。

表 5 - 25　川西北高原气候条件

气候条件	范　围
无霜期	>220 d
年均降雨量	300～600 mm
≥10 ℃积温	2 000～2 400 ℃
日照时数	>2 200 h

第六章　我国牧草种子收集与生产

我国草原面积大、类型多样，长期以来都是草原畜牧业生产的重要基础和物质保障。草原建设和改良所需要的各种牧草种子常常从草原上采集获得，在质量和产量上无法保证，但对于在局部区域内开展植被恢复、人工草地建设仍然需要从野外收集的牧草种子。随着现代草业的快速发展，规模化饲草生产和城乡绿化、运动场的建设均需要大量优质的牧草种子，单靠野外收集难以满足市场需求，专业化规模化的牧草种子生产则不可或缺，而且成为现代草种业发展的重要基础。种业生产实践表明，牧草种子的高效生产对于环境条件具有严格的要求，尤其是专业化的牧草种子生产首先要选择具有适宜环境条件的地域，这也是确保种子优质高产的前提。

第一节　我国草地植物资源需求与利用

一、我国草地建设对于各种植物种子的需求

随着社会科技的高速发展和人类活动的增加，人们对其赖以生存的自然环境造成了巨大的影响，改善生态环境、促进生态环境的可持续发展成为各界人士关注的焦点。随着气候变化和人口增长，气温升高和草原的过度利用，我国草原大面积呈现迅速退化的趋势，干旱、鼠虫害等各种灾害的频繁出现，进一步加剧了沙地扩展、水土流失等生态问题。在 20 世纪末，我国 90% 的天然草原都处于不同程度的退化之中，并且每年以草原可利用面积 2% 的速度急速退化。退化草原集中分布于北方草原带、西部荒漠草原以及荒漠区山地草原、青藏高原高寒草原。表现在优势种植物及优良伴生种植物种类减少，家畜不喜食的毒害草数量增

加，植物生物产量减少 20%～50%（农业部草原监理中心，2015）。草原生态环境的恶化不仅影响草原植物种类，而且严重制约了草地畜牧业的生产，造成生活环境质量的下降。

在我国面临生态环境恶化的现实情况下，尤其是草原退化、沙化和盐碱化问题严重影响了草原生态环境和造成草原生产力的下降。从 20 世纪末开始实施了西部大开发、退耕还林还草、退牧还草、京津风沙源治理、西南岩溶地区草地治理等一系列生态建设工程，试图通过长期有效的治理措施逐步恢复原来的植被和改善恶化的生态环境。为了持续加强草原生态保护，转变草原畜牧业发展方式促进牧民持续增收，国家从 2011 年起全面实施草原生态保护补助奖励机制政策，进一步加快天然草原生态修复的进程，我国草原生态整体恶化的势头有所遏制和缓解。在各项工程建设中草地补播对于退化草原的更新复壮发挥了巨大作用。其中，种子是实现这些正确措施的基本资源，为了满足工程建设的需要，必须提供大量各种植物的种子。但由于我国地域广阔、自然条件迥异，从东北到西南，适宜于不同环境要求的种子数量和质量常常有限。尤其是在我国适宜于田间栽培的植物品种较少，如何从野生种群中采集生产所需大量的植物种子仍然是我国种子生产面临的难题。

2000 年，为改善京津地区的环境质量，国家紧急启动京津风沙源治理一期工程，10 年中国家累计投入 412 亿元，完成草地治理 867 万 hm^2；2013—2022 年启动了二期工程，这 10 年的任务是：飞播牧草 79.15 万 hm^2、封山（沙）育林育草 229.16 万 hm^2；对工程区 25°以上的陡坡耕地，实施退耕还林，对严重沙化耕地，实施退耕还草；建设人工饲草基地 68.13 万 hm^2、草种基地 6.25 万 hm^2 等，目的是进一步减轻京津地区的风沙危害，构筑北方生态屏障，稳步提升草原生产能力。在《全国草原保护建设利用"十三五"规划》中，到 2020 年，全国草原退化趋势得到有效遏制，草原生态明显改善，改良草原达到 0.6 亿 hm^2；为稳步提升全国天然草原生产能力，人工种草保留面积达到 0.3 亿 hm^2、牧草种子田面积稳定在 9.7 万 hm^2、优质牧草良种繁育基地达到 35 个。实现这些目标需要各种优良牧草种子作保障，保守估计每年至少需要

30 万 t。据 2016 年统计，我国生产各类牧草种子 7.76 万 t，其中种子田生产 7.08 万 t，主要有紫花苜蓿、披碱草、老芒麦等；野外采种 0.68 万 t，主要有羊草、沙打旺、羊柴、碱茅等。我国牧草种子的生产量远远达不到需求量，草种业成为现代草业发展的瓶颈。同时，我国每年也需要从国外进口大量牧草和草坪草种子。2016 年我国进口草种子 3.31 万 t，主要包括紫花苜蓿、三叶草、多年生黑麦草和一年生黑麦草、高羊茅、草地早熟禾等种类，其中多年生黑麦草、高羊茅、草地早熟禾主要用于草坪建设，而牧草种子所占比例不足 10%。可见，在我国草原生态建设所需要的羊草、沙打旺、披碱草、老芒麦等牧草种子主要依靠国内生产来解决。

二、我国草地植物资源的利用现状

在我国 4 亿 hm² 的草原上分布着种类繁多的野生牧草。通过我国植物资源调查、草地资源普查和牧草种质资源专业考察，到 1994 年，初步查清了我国饲用植物资源的种类和数量，我国草地饲用植物共 6 700 余种，其中豆科和禾本科的种类最丰富、组成最复杂，禾本科牧草 1 127 种，豆科牧草 1 231 种（侯向阳，2015）。野生牧草是我国重要的生物种质资源，对于维持草原生物多样性和保持草原生态平衡具有十分重要的作用。许多野生牧草是农作物的野生祖先和亲缘种，是农作物新品种选育的基础材料。另外，我国野生牧草还起着非常重要的生态保护作用。因此，科学合理利用各种牧草资源，发挥其生态适应性的优点，对于草原生态建设和退化草原植被恢复具有十分重要的意义。

野生牧草种质资源能够长期在生态环境比较恶劣的条件下生存、繁殖，具有较强的适应性和抗逆性，例如抗寒、耐旱、耐风沙、耐瘠薄、耐盐碱等一些优良特性。因此，在牧草种质资源收集和实践利用当中，常常依据种质材料的抗性特点进行筛选并作为植被恢复的重要材料。在抗旱性和耐瘠薄特性方面，有冰草属、雀麦属、披碱草属、鹅观草属、羊茅属等牧草，可在瘠薄、干旱、降水量少的地方种植；在抗风沙特性方面，有沙打旺、沙拐枣、锦鸡儿、沙蒿、驼绒藜等牧草，可在年降水量 300 mm 以下的沙地或沙丘生长良好，不仅可提供大量的饲草，同时又起到固沙和覆盖地面的作用；在耐盐碱特性方面，有碱茅、羊草等牧草，耐盐碱能力很强，能够在土壤碱性较高的生境下生长，可改良碱化土地（田福平等，2010）。

　　我国对野生牧草种质资源的研究利用从 20 世纪 60 年代就逐渐扩大和深入。例如，在甘肃山丹军马场发现当地老芒麦是一种优良牧草，在祁连山下建立了 227 hm² 的人工草场，并在甘肃、青海、内蒙古等地得到推广。1965—1970 年黑龙江四方山军马场、肇东军马场先后试种羊草成功，1972 年四方山军马场羊草种植面积达 1 167 hm²。同时，内蒙古在鄂尔多斯市一带沙地中，发现了饲用价值较高、生长较好的沙蒿、羊柴、锦鸡儿等野生牧草，引种试验后都表现出很强的抗逆性和适应性。20 世纪 80 年代至今，大量的野生牧草引种栽培成功，大面积推广应用之后，增加了饲草供应，取得了明显的经济效益，并改善了生态环境（田福平等，2010）。殷伊春等（2012）通过对内蒙古的野生优良旱生植物进行了系统研究，成功选育出了蒙古冰草、大青山草地早熟禾、乌拉特毛穗赖草、科尔沁型华北驼绒藜等野生栽培品种，具有适应性强、抗旱、耐寒、耐盐碱、耐瘠薄、抗风沙、耐沙埋、抗损伤性强等特点。截至 2018 年，经全国草品种审定委员会审定登记的品种有 559 个，其中育成品种 208 个，占全部审定登记品种的 37.2%；地方品种 59 个，占全部审定登记品种的 10.6%；野生栽培品种 121 个，占全部审定登记品种的 21.6%；引进品种 171 个，占全部审定登记品种的 30.6%。在审定品种中，野生栽培品种和地方品种达到三分之一，种质资源挖掘和品种选育更关注抗性特征。

　　针对大范围的自然或人为造成的生态系统扰动，人们采取各种措施促进自然植被的恢复、再生和稳定，而且人们对于公园、野生动物保护区、道路两侧、林场、果园和居民庭园绿化中利用当地野花、禾草、树木和灌木的兴趣不断增加，也促进了对野生植物繁殖材料的需求。对于适应性广的植物种，具有种子产量高的特性，野外采集可以为植物种植提供足够的种子。然而对大多数植物种而言，从特定地区采集的植物材料仅有少量的种子，必须通过大田或苗圃栽培进行扩繁，专门用于满足本地种子和植物产业的需要。但是种子使用者很难得到有关种子采集地点的准确信息，包括野外采集或种植种质材料的来源、遗传特性和纯度等。此外，牧草种质由于长期适应自然环境条件的结果，其植株间的生长发育不一致，野生性强，种子成熟度也不一致，成熟种子易脱落，种子采收比较困难。其中豆科牧草种子成熟时荚果易开裂、种子硬实率高，而禾本科牧草结实率低、休眠性强。这些问题造成种子专业化生产难度大、种子单位面积产量低的不利局面。针对我国不同地区自然环境条件的差异，植被恢复所需适宜的植物种类筛选也应在相似的生态条件下进行。尤其是在我国开展的各项生态建设工程中，大力挖掘植物资源利用的潜力，推广应用适应性强的野生植物，不仅避免由于品种缺乏导致的种子生产矛盾，而且有利于恢复植被的长期性和稳定性。

第二节 我国苜蓿和羊草种子生产现状

一、我国西北地区苜蓿种子生产

全世界的苜蓿种植面积约 3 200 万 hm²，美国、俄罗斯和阿根廷约占 70%，其中美国的苜蓿产值达 70 多亿美元。随着西部大开发、退耕还草、风沙源治理、"粮经饲"三元结构调整和生态建设战略的实施，我国苜蓿草产业迅速崛起，对苜蓿种子需求量越来越大。农业部《2012 年畜牧业工作要点》通知中提出，启动实施"振兴奶业苜蓿发展行动"，每年支持建设 50 万亩高产优质苜蓿基地，加大苜蓿生产加工机械购置补贴支持力度，落实苜蓿良种补贴政策，推进草畜配套，提升奶业整体素质，对苜蓿种子质量提出了更高的要求。随着草牧业、粮改饲等政策的实施，草产品生产加工企业不断壮大，苜蓿种植规模迅速扩大，对苜蓿种子的产量和质量也提出了更高的要求。我国草种业起步较晚，市场竞争力弱，而北美地区苜蓿种子生产产业化程度高、种子产量和质量均优于国产的苜蓿种子，我国草种业面临国际牧草种子市场的严峻挑战。对国外进口的依赖性已经严重影响到我国牧草种子产业的安全。

我国西北地区长期以来就是苜蓿种植区，深入了解和掌握其苜蓿种子生产和经营现状，总结苜蓿种子生产经营中的经验和成果，发现问题，从种子法律法规制度、种子生产和经营方面提升完善，推进苜蓿种子市场化、专业化和标准化，做大做强苜蓿种子产业，为我国草种业的发展提供有力保障，促进我国草牧业的快速发展。

（一）自然资源概况

甘肃省苜蓿种植已有 2 000 多年历史，气候干燥，气温日差较大，光照充足，太阳辐射强。年平均气温在 0～14 ℃，由东南向西北降低；河西走廊年平均气温为 4～9 ℃，陇中和陇东分别为 5～9 ℃和 7～10 ℃。年均降水量 300 mm，各地差异很大，在 42～760 mm 之间，自东南向西北减少，降水各季分配不匀，主要集中在 6—9 月。甘肃省光照充足，光能资源丰富，年日照时数为 1 700～3 300 h，自东南向西北增多。河西走廊年日照时数为 2 800～3 300 h；陇中、陇东和甘南为 2 100～2 700 h。全省无霜期各地差异较大，陇南河谷地带一般在 280 d 左右；甘南高原最短，只有 140 d。甘肃苜蓿种子生产主要在三个地区：陇东区，包括庆阳和平凉地区，属黄土高原地带。陇东年降水量为 450～550 mm，历史上陇东农民家家种苜蓿、家家养牲畜、家家留种子。但该区春季常常干旱，种子生产不稳定。中部区，以定西、天水、兰州为主要产区，该区属中部干旱半干旱地区，其气候特征介于陇东和河西之间，年降水量在 300 mm 左右，大多无灌溉条件。河西区，属中温带干旱长日照地区，主要包括酒泉、张掖和武威市。该区每天光照时间为 12～14 h，且早晚温差大，有灌溉条件下，是良好的苜蓿种子生产基地。甘肃省苜蓿种子产量每年 2 000～3 000 t。苜蓿品种种子生产主要集中在酒泉市和张掖市，农户分散种植种子田主要集中在定西、平凉和庆阳市。

赛乌素位于内蒙古鄂尔多斯市鄂托克旗，是鄂尔多斯地区主要的草籽基地，苜蓿种子生产田近万亩。中国农科院北京畜牧兽医研究所开展了多年的中苜系列苜蓿种子扩繁工作，种子扩繁田面积为 1 000 亩。还有种子公司从事种子生产和经营。赛乌素年平均降水量 200 mm，日照时间达到 3 000 h。

宁夏回族自治区苜蓿种子生产主要分为北部的引黄灌区和南部的山地丘陵区。北部引黄灌区年平均降水量 157 mm，南部山区年平均降水量 400 mm。历史上南部山区是苜蓿种子生产的主产区，以农民散户种植为主，收种只是作为种草的副产品，留种与否一方面取决于市场行情，另一方面也取决于农民的主观意愿。随着我国苜蓿种植面积的迅速增长，苜蓿种子价格攀升，苜蓿种子田的经济效益日益凸显，带动了苜蓿种子生产企业的积极性。在银川和固原市，各有 1 个农业部牧草种子繁育基地项目，分别建植苜蓿种子田 2 000 亩，为苜蓿种子生产和经营的规模化经营打下了基础。

陕西省是我国主要的苜蓿草生产基地，种子作为在苜蓿草田收获的副产品，多为农户小面积经营，是为了苜蓿草田的更新用种。陕南地区因降水量普遍较高，多数地方超过 500 mm，不利于苜蓿种子大面积生产。陕北地区包括延安市和榆林市、西部接壤银川平原，北部与鄂尔多斯接壤，属典型黄土高原区气候，降水量在 300～400 mm，夏季炎热高温，空气干燥，适合苜蓿种子生产（表 6-1）。尤其是横山县，散户苜蓿种子田较多，是榆林地区主要的苜蓿种子生产县。

表 6-1　西北各省区气候条件特点

地　区	年日照时数（h）	无霜期（d）	年降水量（mm）	年平均温度（℃）	≥10 ℃积温（℃）
甘肃酒泉市上坝镇	3 288	150	85	8.2	2 796
甘肃玉门市黄花农场	3 280	135	62	5.9	2 800
甘肃兰州市	2 446	180	310	10.0	3 242
甘肃平凉市	1 980	163	498	9.0	2 800
甘肃高台县	3 088	150	100	8.0	3 076
甘肃定西市	2 433	140	386	6.7	2 075
甘肃庆阳市	2 500	175	500	10.0	3 000

（续）

地　区	年日照时数（h）	无霜期（d）	年降水量（mm）	年平均温度（℃）	≥10℃积温（℃）
宁夏平罗县	2 875	195	190	10.6	3 240
内蒙古鄂托克旗赛乌素	3 000	134	200	7.0	2 900
宁夏银川市	3 000	185	200	8.5	3 303
宁夏固原市	2 518	152	492	6.1	2 700
陕西定边县	2 743	141	317	7.9	2 990
陕西横山县	2 715	146	397	8.6	3 260
陕西吴起县	2 400	146	483	7.8	2 817

（二）苜蓿种子生产状况

1. 苜蓿种子生产的地域性要求

苜蓿种子生产需要适宜的气候和土壤条件。不同地域的气候因素对苜蓿种子产量有较大影响（表 6-1）。年日照时数对苜蓿种子产量有明显正相关关系。年日照时数越多，种子产量越高。年降水量与苜蓿种子产量成负相关。陕西南部年降水量较多，一般超过 500 mm。较多土壤水分促进苜蓿营养生长，限制了生殖生长，而且较高的空气湿度，不利于苜蓿种子的发育成熟以及收获，不适合进行大面积专业化苜蓿种子生产。陕北的延安市吴起县、榆林市定边县和横山县，降水量低于 500 mm，有散户开展小面积的苜蓿种子生产，多数为牧草兼用田，存在着管理粗放、种子产量不高等问题。内蒙古赛乌素及周边、宁夏平罗县、银川市、固原市等地区年降水量 400 mm 以下，均适合苜蓿种子生产。年降水量低于 200 mm 时，应通过灌溉调控，在甘肃酒泉和高台地区均有灌溉措施。无霜期大于 100 d 满足苜蓿种子生产需要的无霜期条件，对苜蓿种子产量影响不明显。年平均温度对苜蓿种子产量影响不大。风沙大不利于开花和授粉，开花期风沙较大的地区不适宜种植苜蓿种子田。

在我国西北强日照、通风较好地区进行苜蓿种子生产，保证了种子发育成熟期的光照和干燥气候。

2. 播种技术

大面积的苜蓿种子田均采用条播、穴播，播种期、播种量、播种密度（行距）因各地实际情况而不同（表6-2）。播种时间应选择夏季或者秋季8月上旬以前。早春播种风沙大，且春旱、春寒等灾害频繁。早春播种，常覆盖地膜。8月上旬以后播种，封冻前幼苗较小，容易遭受寒害，越冬困难。苜蓿种子生产田条播播种量一般在0.5~0.7 kg/亩，平罗县播种最初选择0.6 kg/亩，经过多次试验确定0.1 kg/亩的播量最适合，原因为当地地下水位较高（一般在2~3 m），保证了土壤湿度，利于种子的快速出苗。在甘肃一些生产者根据苜蓿种子生产实践经验，建议穴播更好，但缺少合适的大面积播种的穴播机械。播种密度根据不同气候条件选择不同，行距选择具有差异性，在赛乌素、平罗、固原等地行距从40 cm到80 cm，在甘肃省酒泉上坝镇行距90 cm，株距30 cm，播种量0.5~1.0 kg/亩。面积较小种子田用简单手持式播种设备（图6-1）。播种第一年，苜蓿种子田没有产量或者产量很低，因此个体种植户选择套播的方式，套播农作物为小麦、棉花和玉米。4月底5月初，套播作物苗高20 cm时，套种苜蓿。生长起来的作物幼苗也很好地保护了苜蓿种子萌发和出苗，减少了春寒和风沙危害的风险（图6-1）。

图6-1　苜蓿种子田

表 6-2 不同地区苜蓿种子播种技术比较

地 点	播种时期	播种量（kg/亩）	播种方式	行距（cm）
内蒙古鄂托克旗赛乌素地区	7月—8月	0.5	条播	70
宁夏平罗县	5月—6月	0.1	条播	80
宁夏固原市	6月	0.7	条播	40
甘肃酒泉市上坝镇	5月到8月上旬以前	0.5~1.0	穴播	行距90 cm，株距30 cm

3. 田间管理技术

由于种子田植株生长时间长，在施肥、灌溉等田间管理方面要求采取相应的技术措施。

（1）施肥。专业种子生产田根据土壤的养分状况选择施肥种类和施肥量。大型的种子生产公司有自己的土壤养分测定机构，对种子生产有益的锌肥和硼肥也逐步应用到种子生产上。

（2）灌溉。有灌溉条件的地区一般浇水两次，开花期浇水一次，冬天浇一次封冻水。灌溉有漫灌、滴灌两种方式。滴灌节水节肥省工并且灌溉均匀，但是前期铺设需要大量的资金和时间。沙土地滴灌较好，但会造成盐碱地的积盐现象。漫灌耗水、灌溉不均匀，不能有效控制灌溉程度。但漫灌能够压盐碱，有利于作物的生长。

（3）株高控制。喷施激素（如缩节胺）控制株高，株高控制在70~90 cm。苗高20 cm时首次喷施，喷施频率10 d/次，喷施次数根据苜蓿长势确定。另外，在内蒙古鄂托克旗赛乌素地区种子生产基地采用限制灌溉的方式进行株高控制，通过减少现蕾前灌溉次数和灌溉量将株高控制在70 cm左右，从而防止植株倒伏，成熟时便于机械收获。

（4）病虫害防治。主要控制蓟马和蚜虫的危害，在孕蕾前进行防治。

（5）结荚控制。返青前施磷钾肥，有助于生殖生长和开花结荚。初花期施硼肥，落花少，增加结实率。

4. 收获与加工技术

不同的土地类型和管理方式，苜蓿种子收获方法及相关设备有 4

种。目前尚没有专业苜蓿种子收获机，均是根据种子田生长情况改进谷物联合收割机。通过调节筛孔和风速，以及在出糠口外加回收设备来改进联合收割机，减少种子损失率，提高收获速度，保证成熟种子及时收获和种子产量。

（1）大型联合收割机适合大面积的基地作业，效率较高，一次性把苜蓿种子收获，然后运至晾晒场，主要适合种植面积较大的基地作业。

（2）小型收割机＋机械脱粒适合十几亩到几十亩的中等面积作业，小型收割机效率较高，将苜蓿割倒后，由运输车辆运至晾晒场，脱粒机械脱粒、风选。

（3）小型割草机＋人工脱粒用于小块或长条形种子田。小型割草机割倒苜蓿，运回晾晒场，用拖拉机拉石磙碾压，人工扬场风选。

（4）镰刀收割＋人工脱粒小面积种子田，采用镰刀割倒，运回晾晒场，拖拉机拉石磙碾压，人工扬场风选。小面积种子田和田间地头的苜蓿种子田，多采用镰刀收割的方式。

苜蓿种子的加工主要体现在清选和包装方面。为适应苜蓿种子市场化的需求，种子龙头企业包装种子后，品牌化出售，但菌根接种、擦破种皮、包衣等技术运用较少。

（三）苜蓿种子生产田类型

我国西北地区是主要的苜蓿种子生产省份，种子生产田类型多种多样。根据经营和管理方式，分为专业化种子生产田、自繁自用型种子生产田、兼用型种子生产田和工程项目型种子生产田。

1. 专业化种子生产田

专业化种子生产田是以生产并出售苜蓿种子获取效益为目的的生产田。主要特点是从播种、田间管理及收获均实行专业化。专业化种子生产田又分为5种形式。

（1）原种扩繁种子田育种家或获得育种资质的企业和个人经营的种子田。

（2）公司基地种子田公司在自己和租用政府或集体的土地种植苜

蓿，管理并收获苜蓿种子。

（3）基地代繁种子田适宜制种地区的企业在自己的种子基地代繁其他地区单位委托的苜蓿品种。

（4）农场主中型种子田拥有几十亩至几百亩地的个体农场主，和公司签订订单合同，在公司技术员的指导下，进行专业的苜蓿种子生产。

（5）散户苜蓿种子田个体农户把苜蓿作为经济作物生产种子，一般用 1/3～1/2 的口粮地（3～6 亩）种植苜蓿。散户苜蓿种子田多是与公司签订订单合同，由公司统一进行播种、田间管理等技术指导，种子收获后出售给签约公司，获得效益。

公司和依托公司经营的专业化种子生产田，根据多年的积累，形成了比较系统的苜蓿种子生产技术。播种时间、播种量、播种密度均有明确的标准；肥料类别、施用时间和施用量均有规范；浇水时间、浇水量等同一地区也有相同标准。种子收获方面根据面积和具体情况采用合适的方法。

2. 自繁自用型种子田

生产种子的目的不是出售种子获得直接效益，而是用于个人苜蓿草地的更新和建植。陇东和陇西地区，个体农户为了轮作粮食作物，满足零散牲畜饲养需求，种植苜蓿。轮作的苜蓿草地用种多采用自己繁种方式。自繁的苜蓿种子满足苜蓿草地轮作和更新，过多的则出售给收购的商贩。

自繁自用型种子田的生产技术从播种、田间管理、收获等方面均根据传统的经验进行，没有统一标准，均是个体种植户根据经验管理。

3. 兼用型苜蓿种子生产田

因经营管理方面的原因，在经营多年的苜蓿草地上某些年份不收草留种的种子田，收获的种子多数出售给收购商贩。兼用型种子田主要有两方面原因：一是养畜量变化，经营的苜蓿草地超过饲草需求量，过多的则选择不收草留种；二是农忙时因劳动力不足，收割不及时的苜蓿地不收草留种。兼用型种子田主要分布在平凉市及周边地区。

兼用型苜蓿种子生产田和苜蓿草地的共用性决定了粗放式生产管理

模式，种子收获前没有任何的田间管理措施，且种子收获期不确定，多数都不在最佳时间。

4. 工程项目型种子田

为完成国家及各级部门实施工程和科研项目等而建植的苜蓿地，经营管理者收获和出售苜蓿种子获得效益。可以分为工程类种子田和项目类种子田。

（1）工程类种子田。国家退耕还草、风沙源治理等工程的实施，个体农户在山地、丘陵、梯台田地等种植大面积苜蓿（图6-2）。国家给予适当补贴，如陇中和陇东地区、前五年每亩补贴160元/年，以后每年补贴100元。适宜苜蓿种子生产的干旱、半干旱地区，经营管理者收获苜蓿种子，出售后获得效益。

图6-2 定西市安定区退耕还草地苜蓿种子田

（2）项目类种子田。为开展实施苜蓿种子生产相关的项目和课题，以研究和探索提高苜蓿种子产量和质量的田间管理技术和理论为目的，布置小面积的种子生产试验田。项目类种子田面积小，但能为当地和其他地区苜蓿种子生产管理提供技术。同时，对当地种植苜蓿农户也具有示范和带动作用。

（四）苜蓿种子经营方式

苜蓿种子经营在我国处于起步阶段，品种意识不足。管理者、经营者对品种关注和认识度均不高，可持续发展思路不明确。随着我国对牧草种子产业化发展的高度重视，总体局面逐渐改善，经营的市场化程度越来越高。苜蓿种子在我国西北地区主要有以下经营方式。

1. 公司生产经营自己的苜蓿种子，分品种品牌销售

公司收获自己基地品种种子，经过加工、包装后，品牌化销售。公司不零售种子，主要是批量转给各地种子经销商，或者供货政府的项目等。

2. "公司＋农户"的经营模式，分品种品牌销售

公司通过订单农业的形式，和农户或农场主签订订单合同。公司技术员负责农户的种子田技术指导。种子收获后，公司按照市场价收购农户的苜蓿种子，然后再统一清选分级、包装，品种品牌销售（图6-3）。

图6-3　订单散户苜蓿种子收购现场

3. 公司经营苜蓿种子，品牌销售

公司有少量的种子田，或者没有自己的种子田。种子品种混杂，收购时根据色泽、饱满度等确定种子的质量，不分品种。收购来的种子，集中进行加工清选等，包装后品牌出售。公司不零售苜蓿种子，主要是批量转给各地种子经销商或供货政府项目等。

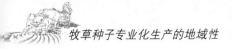

4. 商贩收购

在苜蓿种子成熟期商贩直接到当地集市上设摊收购种子，或者直接到农户家里收购种子。种子收购后，不经过任何处理措施，直接出售给有品牌的种子公司，赚取差价。价格上每千克增加 2～5 元。这类经营方式主要集中在定西、平凉等地，主要为当地的陇东苜蓿。

5. 种子经销商

批量购买种子公司包装的苜蓿种子，经过自己的加工，如把大袋分装为小包装，进行零售。零售时同样分品种销售，不分品种则价格相对较低。

6. 农场主收购自用

农场主更新和建植大面积苜蓿地时，为了节省费用和保证种子质量，到附近村里收购熟悉散户的种子，或者直接和拥有长势良好的苜蓿种子田的农户签订购买合同。

7. 农户间直接交易

苜蓿种植面积较大的地区，留种农户和需要种子的农户直接交易。这种类型在甘肃省种子生产区比较普遍。

二、我国东北地区羊草种子生产现状

（一）羊草品种及其分布

羊草草原是我国最重要的天然草场之一，主要分布在内蒙古东北部和东北的松嫩平原。羊草是我国唯一可供出口的天然牧草，中国也是国际市场唯一的羊草出口国。它不但是优良饲用牧草，其天然和人工草场所生产的干草可以满足家畜生长发育的营养需求，也是建立人工草场的优良草种。同时，羊草的耐盐碱性使其成为东北盐碱滩地植被恢复的主要草种，羊草植被在水土保持、改善土壤肥力等方面发挥了重要的生态功能与环境保护作用。

我国羊草有人工培育品种和野生种。吉生系列和农牧 1 号是 20 世纪 80 年代末人工培育的羊草品种，近年来，中科系列羊草也通过国家品种审定。我国羊草主要分布在黑龙江、内蒙古、吉林等省区。

黑龙江和吉林是我国主要羊草分布区，也是我国羊草种子的主要产区。黑龙江省大庆市肇源县是天然羊草种子的主要产区，吉林省吉生系列羊草品种在我国羊草草地的人工建植中发挥了重要的作用。黑龙江省有草地 400 万 hm^2，可利用 300 万 hm^2，为松嫩平原腹地，以羊草为主。位于中温带地区东经 $124°02'\sim132°48'$、北纬 $46°27'\sim47°51'$，海拔高度为 $125\sim240$ m。肇源县是黑龙江省主要的羊草种子生产基地，也是我国主要的羊草种子生产基地。肇源县有草地 11.5 万 hm^2，其中羊草草地 4.7 万 hm^2。吉林省有草地面积 104.56 万 hm^2，占全省土地面积的 5.47%，天然草地占 95.95%，主要分布在西部低洼区。西部草原以草甸草原为主，是全国著名的羊草草场。该区域位于温带半湿润半干旱大陆性气候区，年均气温 $3.4\sim6.2$ ℃，降水量 $350\sim500$ mm，70%降水集中在 6—8 月。吉林省人工栽培品种吉生系列羊草推广较好，种子销往黑龙江、河北和内蒙古等省区。

在多年实践中，地方企业在种子收获时间和收获方法方面，各地区从业人员根据羊草种子的发育成熟特性，总结形成较为合理的生产技术。首先，在羊草种子的成熟期判定方面，可以准确预测并收获高质量的羊草种子。羊草草原放眼望去呈现红色穗的时候，确定为种子的成熟收获期。该时期收获的种子饱满度好、有光泽。等红色期过去，收获的羊草种子失去光泽，种子重量降低。其次，羊草种子收获设备在生产实践中被不断改进和完善，收获机械的工作效率得到提高。羊草种子成熟期 15 d 左右，准确判定羊草种子成熟期，采用羊草切穗收获机械或撸籽机，有利于提高收获效率，获得高质量的羊草种子。

（二）羊草种子生产与经营

羊草种子生产专业化程度较低，培育品种的种子生产田规模较小、产量有限，常常以天然草原上野外收集为主。

1. 以天然羊草草原为依托，收购销售羊草种子

种子公司没有种子生产田，主要依靠收购牧户采收的天然草原羊草

种子。收购种子多来自大庆市天然羊草草地，种子发芽率低，一般在10%～20%。

2. 天然羊草种子产销一体化

种子公司承包草原，待种子成熟后，组织人力进行收获、处理加工和销售。黑龙江省的种子公司承包天然羊草草原，从播种、抚育管理、生产、销售均有专业技术人员，每年组织人员采收种子。另外，公司还配置整套的设备，包括切穗机、脱粒机、清选机，并建有种子库房。羊草种子销售效益较低，企业通过与购买方协商，为购买方进行种子播种并保证出苗率，可以针对不同环境实行不同的播种技术和管理措施。这种方式为企业带来了较好的收益，也保证了用种单位成功建植人工草地，实现了双赢。

3. 培育羊草品种，种子产销一体化

农菁4号羊草分别在黑龙江省哈尔滨市、兰西县、青冈县等地建立种子繁殖田，主要为科研单位、草原改良示范县、羊草种子繁殖户提供高质量的羊草新品种。在吉林省，吉生系列羊草品种建有良种扩繁基地，羊草种子生产经营超过10年，但由于各种原因，到目前基地已经停止生产了。

4. "公司＋农户"的灵活经营方式

以公司为主，农户为辅，公司以市场为导向，灵活经营羊草种子。羊草种子市场不稳定，公司根据客户需求，联系各个村的收购点进行宣传，设定最低收购价格，收购农户生产的羊草种子。

5. 自给自足羊草种子生产

在吉林省乾安县大部分草场承包给个人，农民通过采收羊草种子，直接销售或者自用。长岭县羊草草地多为集体所有，农户根据种子需求，到天然草原收获羊草种子。另外，羊草草原的更新也通过自发性的采收羊草种子进行。

目前市场上流通的羊草种子主要以天然羊草种子为主，培育种子为辅，种子产量和质量均处于较低水平。羊草种子产量低，影响了种子生产经营的效益。羊草种子发芽率低，播种时造成用量较大，提高了使用者播种成本。两个方面均影响了羊草种子市场化进程。

　　对天然羊草草原的利用，许多企业和农牧户只是进行了封育，在灌溉施肥、病虫害防治等方面投入较少。每年收获种子和羊草干草，带走了土壤中的养分，却不能及时补给，造成了羊草草原的退化，种子结实率低，生物量减少。羊草种子的野外收集对于羊草的利用和草地建设具有非常重要的作用，但在利用的同时需要兼顾资源的保存和生境的保护，才能实现持续利用和避免草原退化带来的社会问题和生态问题。

参 考 文 献

[1] 陈立坤，沈敏．不同行距、不同施肥量处理对"川草 2 号"老芒麦种子生产的影响
[J]．草业与畜牧，2007 (9)：21 - 27.

[2] 杜文华，田新会，曹致中．播种行距和灌水量对紫花苜蓿种子产量及其构成因素的影
响 [J]．草业学报，2007 (16)：81 - 87.

[3] 房丽宁，韩建国，王培，等．氮肥、植物生长调节剂和环境因素对无芒雀麦种子生产
的影响 [J]．中国草地，2001 (4)：32 - 37.

[4] 甘肃省畜牧厅．甘肃省种草区划 [M]．北京：中国农业科技出版社，1991.

[5] 国家气象科学数据共享服务平台．中国气象数据网，http：//data. cma. cn/.

[6] 郭树栋，徐有学，赵殿智，等．垂穗披碱草种子田最佳播种量和行距的试验初报 [J]．
青海草业，2003 (12)：6 - 8.

[7] 哈伦．关于种树种草工作情况的报告 [M]．1984 年 2 月 25 日自治区第六届人大常委
会第五次会议．http：//www. nmgrd. gov. cn/sjk/bg/cwht/yfly/201002/t20100203 _
65584. html.

[8] 韩建国，马春晖，孙铁军．禾本科牧草种子生产技术研究 [J]．草业科学，2004
(21)：199 - 205.

[9] 韩建国，毛培胜．牧草种子生产的地域性．草业与西部大开发——草业与西部大开发
学术研讨会暨中国草原学会 2000 年学术年会论文集 [C]．中国草原学会，2000：7.

[10] 韩建国．美国的牧草种子生产 [J]．世界农业，1999 (4)：43 - 45.

[11] 海关信息网．进出口数据－贸易统计－商品统计 [OL]．http：//www. haiguan. info/
OnLineSearch/TradeStat/StatComSub. aspx？ TID=1. 2017/9/6.

[12] 何光武．关于牧草种子基地生存发展的思考 [J]．四川畜牧兽医科学，2006 (2)：
7，11.

[13] 贺晓，李青丰，索全义．旱作条件下施肥对老芒麦和冰草种子产量及构成的影响 [J]．
干旱区资源与环境，2001 (15)：79 - 83.

[14] 贺晓．冰草和老芒麦种子生产的研究 [D]．呼和浩特：内蒙古农业大学，2004.

[15] 侯向阳．中国草原科学 [M]．北京：中国农业出版社．2015：1 - 18.

[16] 贾玉斌. 国内牧草种子收获加工装备现状及发展趋势 [J]. 农机质量与监督，2002 (1)：24.

[17] 姜春，向金城. 苜蓿切叶蜂及在苜蓿制种中的应用初报 [J]. 新疆农垦科技，2001 (6)：22 - 24.

[18] 李栋梁，刘德祥. 甘肃气候 [M]. 北京：气象出版社. 2000：93 - 96.

[19] 李景岩，孙嘉忆. 4ZTCL - 2300 型牧草籽收获机 [J]. 农业机械，2007 (26)：49.

[20] 李少南，张青文，张昭，常玉珍. 苜蓿切叶蜂在北方地区为头茬苜蓿授粉后的回收与种子增产效应 [J]. 草业科学，1991 (8)：46 - 49.

[21] 李雪锋，李卫军. 灌溉对苜蓿种子产量及其构成因子的影响 [J]. 新疆农业科学，2006 (43)：21 - 24.

[22] 黎与，汪新川. 多叶老芒麦种子田最佳播种量和行距的试验初报 [J]. 草业与畜牧，2007 (12)：11 - 12.

[23] 刘贵林，杨世昆，贾红燕，王振华. 我国苜蓿种子收获机械研究的现状和发展 [J]. 草业科学，2007，24 (9)：58 - 62.

[24] 刘贵林，等. 苜蓿种子收获机械的开发 [J]. 农业机械，2006 (14)：73 - 74.

[25] 刘加文. 大力发展中国草种业 [J]. 草地学报，2016，24 (3)：483 - 484.

[26] 刘亚钊，王明利，杨春，等. 我国牧草种子产业发展现状及趋势分析 [J]. 中国畜牧杂志，2013 (20)：44 - 47.

[27] 刘亚钊，王明利，杨春，等. 中国牧草种子国际贸易格局研究及启示 [J]. 草业科学，2012 (7)：1176 - 1187.

[28] 刘自学. 草种业现状与发展趋势 [C]. 第四届中国草业大会论文集. 中国畜牧业协会草业分会，2016：2.

[29] 刘昭明，闫文平. 苜蓿切叶蜂及其对紫花苜蓿种子生产的影响 [J]. 黑龙江畜牧兽医，2005 (1)：49 - 51.

[30] 卢欣石. 中国草产业的发展历程与机遇 [J]. 草地学报，2015 (1)：1 - 4.

[31] 罗忠玲，凌远云，罗霞. UPOV 联盟植物新品种保护基本格局及对我国的影响 [J]. 中国软科学，2005 (4)：37 - 42.

[32] 马春晖，等. 施氮肥对高羊茅种子质量和产量组成的影响 [J]. 草业学报，2003 (12)：74 - 78.

[33] 马春晖，韩建国，孙铁军. 禾本科牧草种子生产技术研究 [J]. 黑龙江畜牧兽医，2010 (6)：89 - 92.

[34] 麦麦提敏·乃依木，艾尔肯·苏里塔诺夫. 新疆牧草种子产业化的创新之议 [J]. 新疆畜牧业，2016 (5)：11 - 13.

[35] 毛培胜. 浅析 AOSCA 种子认证体系在草种子生产中的应用 [J]. 草业科学，2008，25（11）：70 - 74.

[36] 毛培胜. 牧草与草坪草种子科学与技术 [M]. 北京：中国农业大学出版社，2011.

[37] 毛培胜，韩建国，樊奋成. 收获时间对无芒雀麦种子质量和产量的影响 [C]. 中国国际草业发展大会暨中国草原学会代表大会，2002.

[38] 毛培胜，等. 施肥对无芒雀麦和老芒麦种子产量的影响 [J]. 草地学报，2000（8）：273 - 278.

[39] 毛培胜，等. 施肥处理对老芒麦种子质量和产量的影响 [J]. 草业科学，2001，18（4），7 - 13.

[40] 毛培胜，等. 甘肃省苜蓿种子生产现状分析与展望 [J]. 中国奶牛，2015（18）：12 - 15.

[41] 毛培胜，侯龙鱼，王明亚. 中国北方牧草种子生产的限制因素和关键技术 [J]. 科学通报，2016（61）：250 - 260.

[42] 孟季蒙，等. 地下滴灌不同水量与播种方式下苜蓿种子产量构成因素的相关性分析 [J]. 新疆农业科学，2010（47）：1252 - 1256.

[43] 农业部草原监理中心. 中国草原监测 [M]. 北京：中国农业出版社，2015：18 - 22.

[44] 彭岚清. 灌水次数与施肥量对甘肃引黄灌区紫花苜蓿种子产量及质量的影响 [D]. 兰州：兰州大学，2013.

[45] 苗阳，郑钢，卢欣石. 论中国古代苜蓿的栽培与利用 [J]. 中国农学通报，2010，26（17）：403 - 407.

[46] 齐预生. 二十五史 [M]. 第一卷. 长春：吉林摄影出版社，2002：540 - 542.

[47] 陕西省地方志编纂委员会. 陕西省志（第 11 卷·农牧志）[M]. 西安：陕西人民出版社，1993：330 - 331.

[48] 师尚礼，曹文侠. 甘肃省牧草产业发展现状及其技术需求 [C]. 第三届中国苜蓿发展大会论文集，2010.

[49] 孙美莲，等. 1951－2000 年甘肃省降水分布的气候特征分析 [J]. 现代农业科技，2013（7）：260 - 264.

[50] 孙铁军，等. 施肥对无芒雀麦种子产量及产量组分的影响 [J]. 草业学报，2005（14）：84 - 92.

[51] 邵长勇，等. 我国牧草种子产业发展现状分析 [J]. 中国奶牛，2014（11）：9 - 12.

[52] 邵麟惠，等. 我国草品种审定工作现状与问题分析 [J]. 草业学报，2016，25（6）：175 - 184.

[53] 邰建辉. 无芒隐子草建植与种子生产技术研究 [D]. 兰州：兰州大学，2008.

[54] 田福平，时永杰，张小甫. 我国野生牧草种质资源的研究现状与存在问题 [J]. 江苏

农业科学，2010（6）：334－337.

[55] 田新会，杜文华．氮、磷、钾肥对紫花苜蓿种子产量及产量构成因素的影响［J］.中国草地学报，2008（30）：16－20.

[56] 王德成，等．苜蓿生产全程机械化技术研究现状与发展分析［J］.农业机械学报，2017，48（8）：1－25.

[57] 王建光，孟和．播量和行距对紫羊茅种子产量的影响［J］.内蒙古农牧学院学报，1996（17）：55－58.

[58] 王明亚，毛培胜．中国禾本科牧草种子生产技术研究进展［J］.种子，2012（31）：55－60.

[59] 王佺珍，等．无芒雀麦种子产量因子与产量的相关和通径分析［J］.植物遗传资源学报，2004（4）：324－327.

[60] 王显国，等．穴播条件下株行距对紫花苜蓿种子产量和质量的影响［J］.中国草地学报，2006（28）：28－32.

[61] 王赟文．灌溉、施肥、疏枝等对紫花苜蓿种子产量和质量的影响［D］.北京：中国农业大学，2003.

[62] 吴素琴．紫花苜蓿种子丰产关键因子及产量构成因素的研究［D］.兰州：甘肃农业大学，2003.

[63] 徐坤，李世忠．灌溉及多效唑对蓝茎冰草生长及种子产量的影响［J］.草业科学，2011（28）：1291－1295.

[64] 徐荣，韩建国．灌溉对高羊茅种子产量和质量的影响［J］.中国草地，2002（24）：18－23.

[65] 徐万宝．草地生产机械化［M］.呼和浩特：内蒙古人民出版社，2002.

[66] 闫敏．灌溉对白三叶生殖生长及种子产量和质量的影响［D］.北京：中国农业大学，2005.

[67] 杨国航，孙世贤．农作物审定品种退出机制的实施现状及必要性分析［J］.种子，2011，30（8）：96－98.

[68] 杨青川．苜蓿种植区划及品种指南［M］.北京：中国农业大学出版社，2012.

[69] 杨世昆，苏正范．牧草生产机械与设备［M］.北京：中国农业出版社，2009.

[70] 杨英，等．论苜蓿在农牧业和秀美山川中的作用［J］.西安联合大学学报，2001，4（13）：97－100.

[71] 殷伊春，温素英，郇东慧．野生优良旱生牧草引种培育研究及其利用［J］.畜牧与饲料科学，2012，33（11－12）：19－22.

[72] 游明鸿，等．行距对"川草2号"老芒麦生殖枝及种子产量性状的影响［J］.草业学

报，2011（20）：299 - 304.

[73] 于承福，姜志国．新疆- 2.5 牵引式草籽联合收获机试验报告 ［D］.长春：吉林工业大学，1981：11.

[74] 于晓娜，朱萍，毛培胜．氮磷处理对老芒麦根系及种子产量的影响 ［J］.草地学报，2011（19）：637 - 643.

[75] 袁竹，王菁华．现代企业管理 ［M］.北京：清华大学出版社，2015：13.

[76] 云锦凤．我国草品种育种的发展方略 ［J］.草地学报，2008（3）：211 - 214.

[77] 贠旭江．中国草业统计 ［M］.北京：中国农业出版社，2011：110 - 125.

[78] 臧福君，等．苜蓿切叶蜂繁育及对苜蓿种子产量影响情况初报 ［J］.黑龙江畜牧兽医，1999（8）：20 - 21.

[79] 张明均．牧草种子生产现状与对策探索 ［J］.中国畜禽种业，2017（1）：9 - 9.

[80] 张铁军，等．灌水对新麦草种子产量及产量构成的影响 ［J］.草地学报，2007（15）：60 - 65.

[81] 周良塘．神农 4L5C -型牧草种子收获机 ［J］.农业科技与信息，2004（10）：20.

[82] 周敏．中国苜蓿栽培史初探 ［J］.草原与草坪，2004（1）：44 - 46.

[83] 朱振磊，等．行距与播种量对无芒雀麦种子产量及产量组分的影响 ［J］.草地学报，2011（4）：631 - 636.

[84] Boelt，B. Clover and Grass Seed - production of high quality organic seed for forage mixtures ［R］. Application to Danish Research Centre for Organic Farming，2000.

[85] Christian，H.，Alex D. V.，Bert G.，Aliain P. Grasslands and herbivore production in Europe and effects of common policies ［M］. France：Editions Quae，2014：8.

[86] Christian H.，Alex D. V.，Bert G.，Aliain P. Grasslands and herbivore production in Europe and effects of common policies ［M］. France：Editions Quae，2014：229 - 231.

[87] Chynoweth，R. J.，Pyke，N. B.，Rolston，M. P.，Kelly，M. Trends in New Zealand herbage seed production：2004 - 2014 ［J］. Agronomy New Zealand，2015（45）：47 - 56.

[88] ESCAA. Seed production in EU ［OL］. http：//www. escaa. org/index/action/page/id/7/title/seed - production - in - eu. 2016.

[89] Han，Y.，Wang X.，Hu，T.，Hannaway，D. B.，Mao，P.，Zhu，Z.，Wang，Z.，Li，Y. Effect of row spacing on seed yield and yield components of five cool - season grasses ［J］. Crop Sci. 2013（53）：2623 - 2630.

[90] International Seed Federation. Seed statistics ［OL］. http：//www. worldseed. org/isf/seed _ statistics. html. 2012.

[91] McGinn, S. M. , Shepherd, A. Impact of climate change scenarios on the agroclimate of the Canadian prairies [J]. Canadian Journal of Soil Science, 2003 (83): 623 – 630.

[92] MPI. Situation and Outlook for Primary Industries 2015 [R]. Ministry for Primary Industries. Wellington, 2015. www. mpi. govt. nz/document – vault/7878.

[93] Mueller, S. C. Production quality alfalfa seed for the forage industry [M]. In: Proceedings, 2008 California Alfalfa & Forage Symposium and Western Seed Conference, San Diego, CA, December, 2008.

[94] RIRDC. Economic analysis of the Australian Lucerne seed industry [R]. 2008: 1 – 4.

[95] Rural Industries Research and Development Corporation: Economic Analysis of the Australian Lucerne Seed Industry [R]. by Rural Solutions SA and the Department for Trade and Economic Development. RIRDC Publication No. 08/10, 2008.

[96] Statistics Denmark, Grass seed production by crop and unit [R]. 2017. 11. 15. www. statistikbanken. dk/FRO.

[97] Wang, Y. R. , Han, Y. H. , Hu, X. W. , Tai, J. H. , Yu, L. Overview of the Chinese herbage seed industry [R]. The 8th international herbage seed conference. 2015: 1 – 2.

[98] Wheaton, E. But It's a Dry Cold! [R]. Fifth House Ltd. , Calgary, Alberta. 1998.

[99] Wong, D. 2012 USA census of agriculture: grass and legume seed [R]. United States summary and state data. 2015.

[100] Wong, D. Canadian grass and legume seed data: 2012 inspected acres [R]. 2013.

[101] Wong, D. Canadian grass and legume seed statistics: 2015 inspected acres [R]. 2016.

[102] Wong, D. EU grass and legume seed update to 2012 [R]. Overview of top 10grass/legume seed producing countries in Europe. 2013.

[103] Wong, D. World forage, turf and legume seed markets [R]. 2005.

[104] Wood, V. Akaroa cocksfoot – king of grasses [M]. Canterbury University Press, 2014: 148

[105] Zhang, W. X. , Xia, F. S. , Li, Y. , Wang, M. Y. , Mao, P. S. Influence of year and row spacing on yield component and seed yield in Alfalfa (*Medicago sativa* L.) [J]. Legume Research, 2017, 40 (2): 325 – 330.

[106] Zhang T. J. , Wang X. G. , Han J. G. , et al. Effects of between – row and within – row spacing on alfalfa seed yields [J]. Crop Science, 2008 (48): 794 – 803.

[107] Zhang, W. X. , Mao, P. S. Li, Y. , Wang, M. Y. , Xia, F. S. , Wang, H. Assessing of the contributions of pod photosynthesis to carbon acquisition of seed in alfalfa (*Medicago sativa* L.) [J]. Scientific Reports, 2017 (7) .

图书在版编目（CIP）数据

牧草种子专业化生产的地域性／全国畜牧总站编
．—北京：中国农业出版社，2018.10
ISBN 978-7-109-24823-6

Ⅰ.①牧…　Ⅱ.①全…　Ⅲ.①牧草-种子-生产技术
Ⅳ.①S540.3

中国版本图书馆 CIP 数据核字（2018）第 246111 号

中国农业出版社出版
（北京市朝阳区麦子店街 18 号楼）
（邮政编码 100125）
责任编辑　赵　刚

北京中兴印刷有限公司印刷　　新华书店北京发行所发行
2018 年 12 月第 1 版　　2018 年 12 月北京第 1 次印刷

开本：720mm×960mm 1/16　印张：10
字数：145 千字
定价：48.00 元
（凡本版图书出现印刷、装订错误，请向出版社发行部调换）